Hanus

Experimente mit superhellen Leuchtdioden

Do it yourself

Bo Hanus

Experimente mit superhellen Leuchtdioden

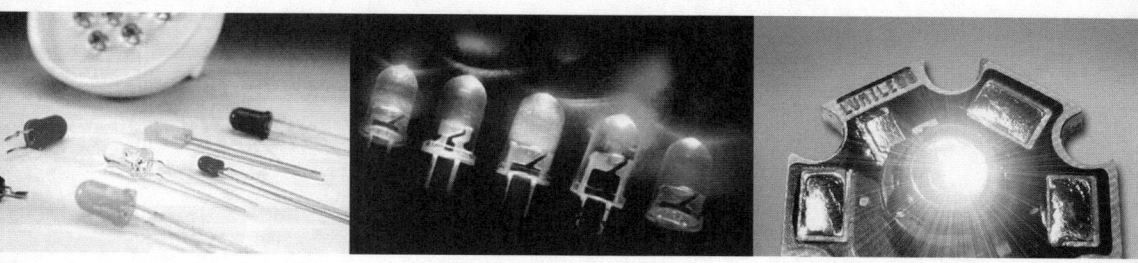

Die Eigenschaften superheller Leuchtdioden kennen lernen und praktisch nutzen

Richtige Spannungsversorgung
Party-Deko-Beleuchtung
KFZ- Rückfahr- und Bremswarner
Licht-Mosaiken
LED-Taschenlampen
Weihnachts-Deko-Lichteffekte

Mit 137 Abbildungen

FRANZIS

Bibliografische Information Der Deutschen Bibliothek

Die Deutsche Bibliothek verzeichnet diese Publikation in der Deutschen Nationalbibliografie; detaillierte Daten sind im Internet über **http://dnb.ddb.de** abrufbar

© **2004 Franzis Verlag GmbH, 85586 Poing**

Satz: Fotosatz Pfeifer, 82166 Gräfelfing
art & design: www.ideehoch2.de
Druck: Legoprint S.p.A., Lavis (Italia)
Printed in Italy

ISBN 3-7723-**4208-6**

Vorwort

Wir haben dieses Buch so verfasst, dass hier sowohl ein weniger erfahrener Tüftler als auch ein erfahrener Profi auf ihre Kosten kommen. Es ist allerdings nicht möglich, dass man mit so einem Buch alle eventuellen Wissenslücken eines jeden Lesers füllen kann. Anderseits wäre es auch nicht sinnvoll, wenn wir hier aufwendige Grafiken und Formeln aufführen, die nur für einen Leuchtdioden-Hersteller von Bedeutung sind.

Ein Profi findet in diesem Buch viele innovative Schaltungen, die wir speziell für dieses Thema entwickelt haben. Hinter so mancher Idee oder Bauanleitung, die hier leicht verständlich dargestellt ist, verbergen sich etliche originale Ideen und interne Entwicklungen, von denen auch ein erfahrener Fachmann profitieren dürfte.

Wir möchten uns bei dieser Gelegenheit endlich einmal „offiziell" bei unserem „engsten" Verlagsmitarbeiter von Franzis Verlag, Herrn *Günter Wahl*, dafür bedanken, dass er uns auch bei der Verfassung dieses Werkes aus eigener Initiative mit vielen aktuellen Presseinformationen und themenbezogenen Fachartikeln unterstützt hat.

Unser Dank für die Unterstützung mit aktuellen Fachauskünften und Unterlagen gehört auch dem Elektronik-Versandhaus „*Conrad Elektronik*" und den Firmen *Osram* und *Everlight*.

Viel Spaß beim Lesen dieses Buches und viele Erfolgserlebnisse bei Ihren Experimenten wünschen Ihnen

Bo Hanus und seine Co-Autorin (& Ehefrau) **Hannelore Hanus-Walther**

Inhalt

Inhalt

Super- & ultrahelle Leuchtdioden und ihre Anwendung

„Superhelle" oder „ultrahelle" Leuchtdioden werden – ähnlich wie die herkömmlichen Leuchtdioden – in der Fachterminologie als **„LEDs"** bezeichnet (dies ist eine Abkürzung für *„light-emitting diodes"*). Der Begriff „superhell" oder „ultrahell" darf dabei nur als Hinweis darauf betrachtet werden, dass diese Leuchtdioden ein wesentlich kräftigeres Licht geben als die herkömmlichen LEDs.

Es gibt aber keine technisch definierbare Grenzen zwischen den schwächer und kräftiger leuchtenden LEDs. Welche der LEDs als „superhell" oder als „ultrahell" von Anbietern angepriesen oder vom Anwender betrachtet werden, hängt daher nur vom Ermessen oder von dem jeweiligen Stadium der Entwicklung ab. Aus dieser Sicht dürften auch die „Low-current-LEDs" als superhell betrachtet werden, denn ihr Energieverbrauch liegt – bei annähernd derselben Leuchtkraft – nur bei etwa 10 bis 20% des Energieverbrauchs der „Standard-LEDs".

Bei der Entwicklung von „echten" superhellen oder ultrahellen Leuchtdioden wird angestrebt, dass sie kräftig leuchten und dabei einen möglichst großen Teil der bezogenen elektrischen Energie in Licht umwandeln.

Was man sich darunter konkret vorstellen kann, geht aus Tabelle 1.1 hervor. Als Bewertungsbasis dienen hier die „guten alten" Glühlampen, bei denen nur etwa 3 bis 5% der bezogenen Energie in Licht umgewandelt wird. Den Rest der verbrauchten Energie setzen die Glühlampen in Wärme um und fungieren aus dieser Sicht überwiegend nur als „lichterzeugende Heizkörper". Wesentlich besser schneiden die Leuchtstofflampen ab, die in der Form von röhren- oder glühlampenähnlichen „Energiesparlampen" hergestellt werden.

Tabelle 1.1 zeigt einen Vergleich der Effizienz einiger der gegenwärtig bekanntesten „künstlichen Lichtquellen". Bei diesem Vergleich dürften unsere „guten alten Glühlampen" als eine Referenz fungieren, da sie im Wohnbereich noch häufig ihren Einsatz finden. Im Zusammenhang mit diversen Planungsüberlegungen (welche oder wie viele LEDs dürften für ein Vorhaben ausreichen?) kann man dann erst mit Hilfe einer Glühbirne (in einer Tischlampe) prüfen, ob z.B. das Licht einer 15-Watt- oder einer 25-Watt-

1

Lampentype	Leistungsaufnahme in Watt	Lichtstrom in Lumen
Standard-Glühlampe	10 W	48 lm
Standard-Glühlampe	15 W	90 lm
Standard-Glühlampe	25 W	230 lm
Standard-Glühlampe	40 W	430 lm
Standard-Glühlampe	60 W	730 lm
Standard-Glühlampe	75 W	960 lm
Halogenlampe	15 W	155 lm
Halogenlampe	20 W	350 lm
Energiesparlampe Osram	7 W	350 lm
Energiesparlampe Osram	10 W	500 lm
Energiesparlampe Ökolight	11 W	600 lm
Energiesparlampe Ökolight	14 W	900 lm
Leuchtstofflampe	20 W	1250 lm
Leuchtstofflampe	40 W	3000 lm
Neonlampe	10 W	485 lm
Neonlampe	15 W	780 lm
LUXEON-LED rot/orange	1 W	55 lm
LUXEON-LED rot	1 W	44 lm
LUXEON-LED grün	1 W	25 lm
LUXEON-LED weiß	1 W	18 lm
LUXEON-LED blau	1 W	5 lm
LUXEON-LED weiß	5 W	120 lm

Tab. 1.1 Übersicht der Lichtausbeute diverser gebräuchlicher „Lichtquellen" in *Lumen* (alle aufgeführten Angaben beziehen sich auf Herstellerdaten von „guten Produkten" und treffen u.a. auf manche „kostengünstige" *Energiesparlampen* und *Leuchtstofflampen* nicht unbedingt zu)

Glühbirne für ein Vorhaben „in etwa" ausreichen dürfte.

Aus dieser Tabelle geht hervor, dass auch die superhellen LEDs, vom Wirkungsgrad her, noch nicht generell den Leuchtstofflampen überlegen sind (in Bezug auf Lichtstrom pro Watt). Das dürfte sich aber ziemlich bald ändern, denn auf diesem Gebiet wird intensiv geforscht und entwickelt.

Abgesehen davon weisen Leuchtdioden viele Vorteile auf, die ihre Anwendung sehr attraktiv machen:

a) kleine Abmessungen

b) relativ „kaltes" Licht

c) hoher Wirkungsgrad (vor allem bei rotoranger und roter Farbe)

d) lange Lebensdauer (auch beim Blinken)

e) Unempfindlichkeit gegen Erschütterung

f) Leistungsdominanz bei Anwendungen, die bisher nur mit Glühlampen erfolgten

Leuchtdioden, die nur ein monochromatisches Licht – vor allem gelb, rot oder grün – erzeugen, können wesentlich einfacher und kostengünstiger erstellt werden als solche, die ein weißes Licht („Tageslicht") geben. Nur bei blauen LEDs will es mit einer kräftigeren Leuchtstärke noch nicht so richtig klappen, aber es werden zufrieden stellende Fortschritte verbucht.

In Katalogen und Datenblättern geben die Anbieter bei kräftiger leuchtenden LEDs in der Regel die farbenbezogene Leuchtstärke an *(siehe hierzu auch Tab. 1.2 mit technischen Daten der LEDs)*. Da fällt es nicht schwer, die optimalen LEDs für ein Vorhaben zu finden, bei denen eine gehobene Leuchtstärke

erwünscht ist. Diese Tabelle stellt allerdings nur ein Beispiel von vielen dar. Umfangreichere aktuelle Informationen über das breite Angebot an superhellen LEDs können Sie am besten den Katalogen von Elektronik-Versandhäusern entnehmen, die Sie am Buchende als *Bezugsquellen-Hinweis* finden.

In elektronischen Schaltplänen werden Leuchtdioden meist mit einem der in *Abb. 1.2* aufgeführten Schaltzeichen dargestellt. Beide Alternativen sind gängig,

Superhelle LEDs – *Durchmesser 5 mm, Farbe rot*
(Auszug aus dem Katalog von Conrad Elektronik):
Technische Daten: Betriebsstrom I_F 20 mA,
Betriebsspannung („Durchlass-Spannung") U_F 1,6 bis 2,7 V

Bestell-Nr.	Type	Gehäuse	Lichtstärke	Abstrahlwinkel
14 31 11	L53 SRD/A	diffus	60 mcd	120°
14 31 20	L53 SRD/B	diffus	100 mcd	120°
14 31 38	L53 SRD/C	diffus	200 mcd	120°
18 43 81	L53 SRD/B	klar	500 mcd	35°
14 31 46	L53 SRC/C	klar	1000 mcd	35°
18 43 73	L53 SRC/D	klar	2000 mcd	35°
18 43 90	**L53 SRC/E**	**klar**	**3000 mcd**	**35°**

Weißes Licht mit LEDs
(Auszug aus dem Katalog von Conrad Elektronik):
Technische Daten: Betriebsstrom I_F 20 mA;
Betriebsspannung U_F typ. 3,6 V, max. 4,0 V

Bestell-Nr.	Typ	Lichtstärke	Abstrahlwinkel
15 38 81	3 mm	900 mcd	45°
15 37 37	3 mm	1270 mcd	45°
15 38 67	3 mm	2800 mcd	25°
15 38 55	5 mm	3000 mcd	22°
15 37 45	5 mm	6400 mcd	20°
15 39 08	**5 mm**	**9200 mcd**	**20°**

Tab. 1.2 Auf diese Weise werden technische Daten von LEDs in Katalogen und Datenblättern in Kurzform aufgeführt

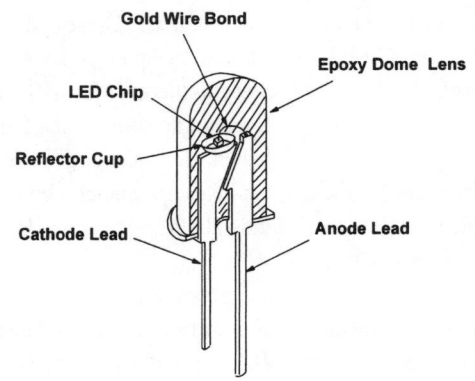

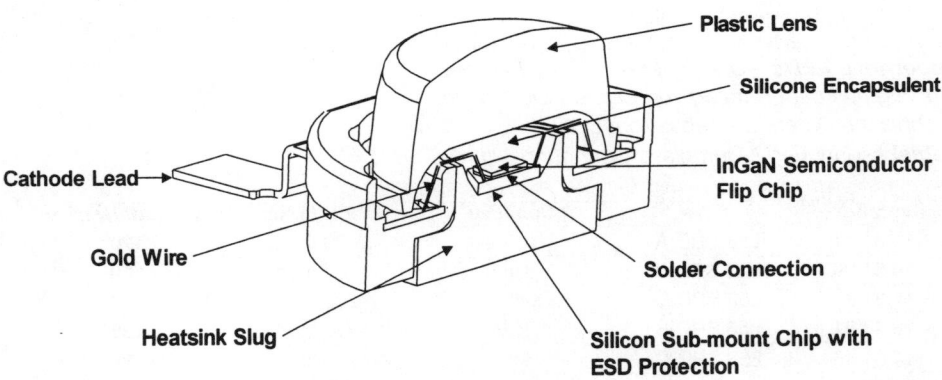

Abb. 1.1 Viele der kleineren super- oder ultrahellen Leuchtdioden unterscheiden sich äußerlich nicht von den herkömmlichen Standard-LEDs, aber einige speziellere Leuchtdioden können mehr oder weniger „aus dem herkömmlichen Rahmen fallen"; oben: eine superhelle Leuchtdiode mit integriertem Reflektor; unten: eine „High-Power-LED" im Schnitt (Luxeon-Werkzeichnungen)

gleichbedeutend und gelten sowohl für alle Standard- wie auch für alle superhellen oder ultrahellen Leuchtdioden, ohne Rücksicht auf ihre tatsächliche Form und Größe.

Bemerkung: In einigen unserer Beispiele, worin z. B. die optische Darstellung hervorgehoben werden soll, stellen wir die LEDs bildlich oder als Kreise dar. Das erleichtert einen schnellen Überblick und verdeutlicht die vorgesehene Anordnung.

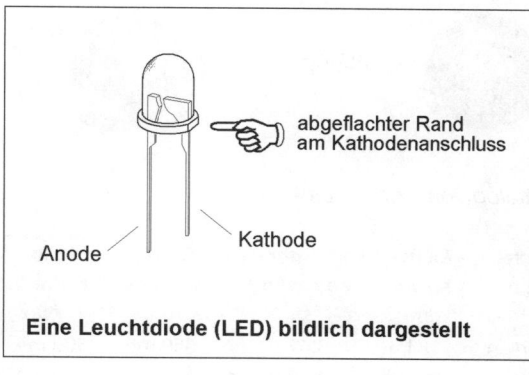

abgeflachter Rand
am Kathodenanschluss

Anode   Kathode

Eine Leuchtdiode (LED) bildlich dargestellt

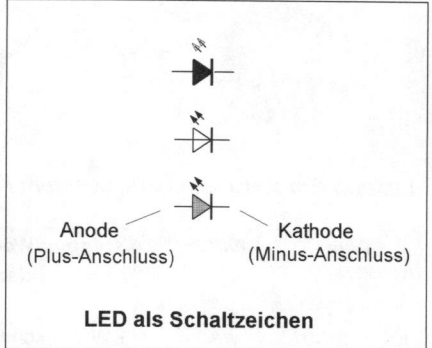

Anode   Kathode
(Plus-Anschluss)   (Minus-Anschluss)

LED als Schaltzeichen

Abb. 1.2 Leuchtdiode: a) Grundausführung einer Leuchtdiode; b) Das Schaltzeichen ist für alle Leuchtdioden einheitlich (es bleibt im Ermessen des technischen Zeichners, welches der hier aufgeführten Schaltzeichen er für eine Schaltung anwendet)

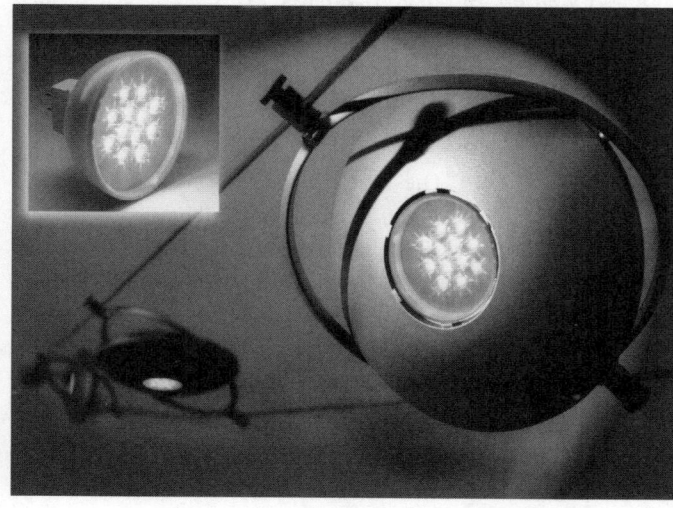

Abb. 1.3 Leuchtdioden sind oft auch in der Form von kompakten LED-Spots erhältlich

1

Luxeon Emitter (Teilauszug aus dem Katalog von Conrad Elektronik):

Type	Farbe	Leistung	Wellen-länge	Licht-strom (lm)	Versorgungs-spannung U_F	Dauer-betriebs-strom I_F	Puls. Betrieb I_F max
LXHL-BW01	weiß	1 W	kombiniert	18 lm	3,42 V	350 mA	500 mA
LXHL-BM01	grün	1 W	530 nm	25 lm	3,42 V	350 mA	500 mA
LXHL-BB01	blau	1 W	470 nm	5 lm	3,42 V	350 mA	500 mA
LXHL-BD01	rot	1 W	627 nm	44 lm	2,95 V	385 mA	550 mA
LXHL-PH01	rot-orange	1 W	617 nm	55 lm	2,95 V	385 mA	550 mA
LXHL-PW03	weiß	5 W	kombiniert	120 lm	6,84 V	700 mA	1 A

Abb. 1.4 Größere Leistungs-LEDs verfügen über wärmeleitende Metall-Kühlplatten oder über Gehäuse, die – ähnlich wie z.B. Leistungstransistoren oder Spannungsregler – auf wärmeleitende Kühlkörper montiert werden: a) Luxeon „Emitter"; b) Luxeon „Star Hexagon"; c) Luxeon „Star/O Batwing mit Linse" (Anbieter/Foto: Conrad Elektronik)

1.1 Die Leuchtkraft und der Abstrahlwinkel

Die **Leuchtkraft** wird bei den meisten Leuchtdioden und bei gebündelt strahlenden Lichtquellen als **Lichtstärke** in *Candela (cd)* bzw. in *Millicandela (mcd)* angegeben. Bei einigen „High-Power-Leuchtdioden" – sowie auch bei den herkömmlichen Glüh-, Leuchtstoff- und Halogenlampen – wird wiederum die Leuchtkraft meist als **Lichtstrom** in *Lumen (lm)* definiert. Das bringt etwas Chaos in die Sache, denn es handelt sich um zwei sehr unterschiedliche Bewertungsparameter:

- Die in *Candela (cd) oder Millicandela (mcd)* angegebene **Lichtstärke** bezieht sich auf die Ausleuchtung einer begrenzten Fläche (eines Raumwinkels) und berücksichtigt dabei nicht die globale Leuchtleistung.
- Der in *Lumen (lm)* angegebene **Lichtstrom** stellt einfach die Summe des gesamten Lichtstromes (die gesamte Leuchtleistung) dar, der von einer Lampe „rundum" in die Umgebung ausgestrahlt wird.

Da sich die in Prospekten und Katalogen angegebene *Lichtstärke* bei einer LED nur auf einen kleinen Raumwinkel bezieht, hängt sie von dem jeweiligen *Abstrahlwin-*

kel (der alternativ auch als Öffnungswinkel oder Beobachtungswinkel bezeichnet wird) ab. Je kleiner der Abstrahlwinkel einer LED ist, desto höher ist ihre Lichtstärke. Was man sich darunter konkret vorstellen dürfte, verdeutlicht *Abb. 1.5:* Bei Leuchtdioden mit derselben Leuchtkraft sinkt die Lichtstärke mit der „Breite" des Abstrahlwinkels, da sich die Photonen-Dichte bei größeren Abstrahlwinkeln auf eine größere Fläche verteilt.

Bei der Suche nach einer passenden LED hängt die Frage des optimalen *Abstrahlwinkels* davon ab, ob dieser als ein *Beobachtungswinkel* oder als der *Winkel eines Beleuchtungs-Lichtkegels* seine Aufgabe zu erfüllen hat.

Leuchtdioden, die als optische Anzeigen, Blickfänger, leuchtende Ornamente oder Figuren nur für den Beobachter gut sichtbar sein sollen, müssen einen *Abstrahlwinkel* haben, der dem vorgesehenen Beobach-

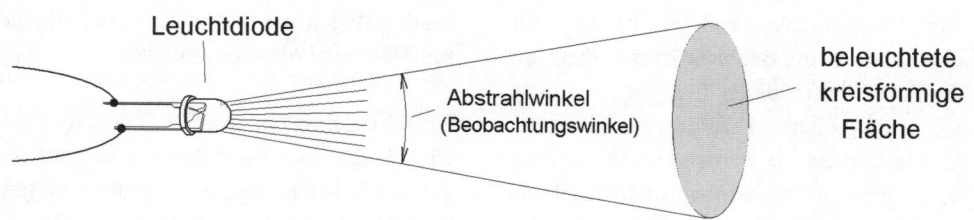

Leuchtdiode

Abstrahlwinkel
(Beobachtungswinkel)

beleuchtete kreisförmige Fläche

Abb. 1.5 Von dem Abstrahlwinkel einer LED hängt die Form ihres Lichtkegels, und somit die Größe und die damit zusammenhängende Ausleuchtung der erhellten Fläche, ab

Luxeon „SuperFlux"-LEDs (Auszug aus dem Katalog von Conrad Elektronik):

Type	Farbe	Wellen-länge	Lichtstrom (lm)	Versorgungs-spannung U_F	Dauer-betriebs-strom I_F	Abstrahl-winkel
HPWN-MB	blau Weiß	470 nm	0,9 lm	3,8 V	50 mA	90°
HPWN-MG	grün	525 nm	0,9 lm	3,9 V	50 mA	90°
HPWN-MC	cyan *	505 nm	0,9 lm	3,8 V	50 mA	90°
HPWT-MD	rot	630 nm	0,6 lm	2,5 V	70 mA	60°
HPWT-MH	rot-orange	620 nm	0,6 lm	2,5 V	70 mA	60°
HPWT-ML	goldbraun	594 nm	0,6 lm	2,6 V	70 mA	60°

* cyan = bläulich grün („giftig" grün)

Tab. 1.3 In den technischen Daten von Leuchtdioden wird in der Regel auch der Abstrahlwinkel aufgeführt

1

tungswinkel gerecht wird. Da außerhalb der Grenzen des *Dioden-Abstrahlwinkels* das Licht der Diode entweder gar nicht oder bestenfalls nur sehr schwach sichtbar ist, eignen sich z.B. für LED-Hinweisschilder Dioden mit einem *Abstrahlwinkel* von etwa 90° bis 120° oder mehr.

Der maximale Abstrahlwinkel der handelsüblichen LEDs beträgt stolze 180° *(siehe Abb. 1.6)*. Die hier abgebildeten LEDs fallen zwar nicht in die Kategorie der superhellen Typen, eignen sich aber hervorragend für Hintergrundbeleuchtung.

Ein Abstrahlwinkel von 90° bis ca. 100° entspricht dem Beobachtungswinkel, aus dem ein Mensch einen Text gut lesen kann. Ein noch größerer Abstrahlwinkel kann unter Umständen für warnende oder dekorative Lichter und für Hintergrundbeleuchtung günstig sein. Für Warnanzeigen und Warnlichter hängt die Breite des tatsächlichen Beobachtungswinkels einfach von der Breite der möglichen Beobachtungs- oder Wahrnehmungsstandorte ab.

Bei Leuchtdioden, die als Strahler oder Scheinwerfer fungieren sollen, hängt die Wahl des optimalen Abstrahlwinkels von dem Anspruch auf die Größe der ausgeleuchteten Fläche ab. Manche der „superhellen" LEDs sind herstellerseits mit einer speziellen Optik (z. B. mit integrierten Linsen) versehen, die sich auf die Qualität der Lichtverteilung auswirkt. Mit Hilfe solcher Optik kann die Qualität der Ausleuchtung erhöht oder ein schmaler Lichtstrahl erzielt werden. Unter anderem kann die LED eine „punktstrahl-ellipsenförmige" Ausstrahlungs-

charakteristik aufweisen *(wie z. B. die „Luxeon LED Optik Elliptical Beam", Anbieter Conrad Elektronik)*.

Es gibt auch elliptische LEDs, deren Ausstrahlungscharakteristik eine elliptische Form *(nach Abb. 1.7/1.8)* hat. In Datenblättern wird bei solchen LEDs der Abstrahlwinkel auf die X- und Y-Achsen der LED bezogen und z.B. als „$X = 110°, Y = 40°$" oder schlicht nur als „110/40" angegeben. *Abb. 1.7* und *1.8* zeigen zwei LED-Typen aus dem Programm von *Everlight*. Da es sich bei diesen „ultrahellen" elliptischen Dioden um ziemlich „unbekannte Vögel" handelt, fügen wir hier jeweils auch die dazugehörenden Abmessungen bei.

Es ist klar, dass bei einer LED der Abstrahlwinkel den jeweiligen Ansprüchen auf die Art der Beleuchtung bzw. auf die Funktion der LED entsprechen sollte.

Wird eine leistungsstarke Leuchtdiode für die Belichtung eines Objektes oder einer Fläche benötigt, hängt es von ihrer Ausführung (Type) ab, inwieweit ihre *Ausstrahlungscharakteristik* den vorgesehenen Ansprüchen gerecht werden kann. Darunter ist Folgendes zu verstehen:

- Der *Abstrahlwinkel* stellt bei vielen Leuchtdioden nur einen Richtwert dar. Insofern die Leuchtdiode über keine zusätzliche (interne oder externe) Optik verfügt, kann – technologisch bedingt – der Abstrahlwinkel „rund um die LED" ziemliche Unterschiede aufweisen. Der erzeugte Lichtkegel strahlt dann nicht immer so schön kreisförmig, wie in

2,4 x 7,1 mm - flache LEDs Marke Everlight

Type	Material	Farbe	Wellen- länge	Betriebsspannung U_F typ.	U_F max	Lichtstärke bei I_F = 10 mA	Abstrahl- winkel
573GD	GaP	grün	570 nm	2,0 V	2,4 V	2,0 mcd	180°
573YD	GaAsP/GaP	gelb blau	590 nm	2,0 V	2,4 V	2,5 mcd	180°
573ID	GaAsP/GaP	rot	625 nm	2,0 V	2,4 V	1,25 mcd	180°
573ED	GaAsP/GaP	orange	625 nm	2,0 V	2,4 V	1,25 mcd	180°

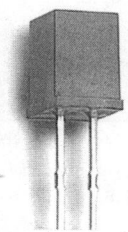

5 x 5 mm - rechteckige LEDs Marke Everlight

Type	Material	Farbe	Wellen- länge	Betriebsspannung U_F typ.	U_F max	Lichtstärke bei I_F = 10mA	Abstrahl- winkel
583GD	GaP	grün	570 nm	2,1 V	2,4 V	2,5 mcd	180°
583YD	GaAsP/GaP	gelb blau	590 nm	2,0 V	2,4 V	1,25 mcd	180°
583ID	GaAsP/GaP	rot	625 nm	2,0 V	2,4 V	1,25 mcd	180°
583HD	GaP	rot	650 nm	2,0 V	2,4 V	0,8 mcd	180°

Abb. 1.6 Der Abstrahlwinkel dieser beiden *Everlight-LED-Ausführungen* beträgt stolze 180°

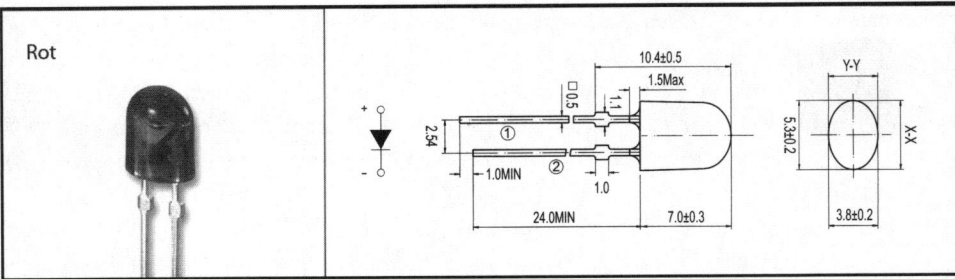

Abb. 1.7 Ausführungsbeispiel einer elliptischen superhellen Leuchtdiode *Marke Everlight,* die für einen Abstrahlwinkel von 110° (Achse X) auf 40° (Achse Y) ausgelegt ist

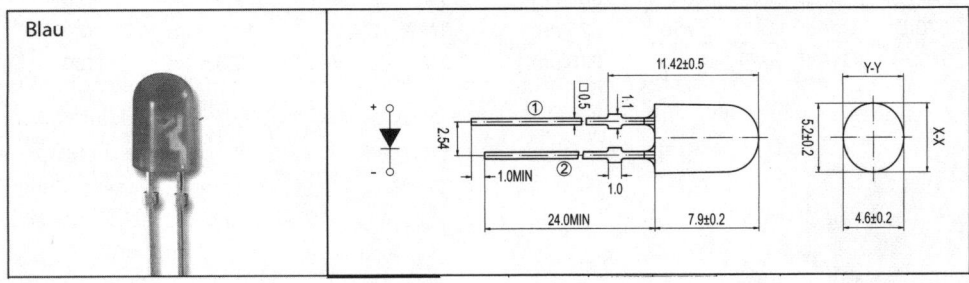

Abb. 1.8 Ausführungsbeispiel einer elliptischen superhellen Leuchtdiode *Marke Everlight*, die für einen Abstrahlwinkel von 30° (Achse X) auf 70° (Achse Y) ausgelegt ist

Abb. 1.7, sondern hat nur eine *annähernd* kreisförmige bzw. elliptische Form.

- Auf der vom Abstrahlwinkel abhängigen beleuchteten Fläche ist nur bei Leuchtdioden mit einer spezielleren Optik die Lichtverteilung ausgewogen.

Wie sich diese Eigenschaften bei der einen oder anderen Leuchtdiode in der Praxis auswirken, lässt sich experimentell auf mehrere Arten austesten:

a) Für einen einfachen Vergleich mehrerer LED-Typen genügt es oft, wenn ihre Lichtkegel in einem verdunkelten Raum einfach gegen eine Wand „projektiert" werden. Wird dabei z. B. eine größere Zeitung als „Leinwand" benutzt, sind auch die Unterschiede in der Intensität der Belichtung (zwischen der Lichtkegel-Mitte und am Lichtkegel-Rand) erkennbar.

b) Mit Hilfe eines Luxmeters (der evtl. in einem Fotoapparat eingebaut ist) kann eine solche Messung ebenfalls vorgenommen werden. Das Luxmeter kann dabei z.B. an der Wand nur manuell auf der von der LED beleuchteten Fläche die

Intensität der Lichtstrahlen in der Mitte des Lichtkegels und an seinem Rand „abtasten" und vergleichen. Diese Methode ist jedoch nicht allzu selektiv und eignet sich daher vor allem nur für LEDs mit hoher Leuchtkraft.

c) Eine aussagekräftigere Messung der LED-Lichtintensität kann mit Hilfe von kleineren lichtempfindlichen Sensoren, wie Fotowiderständen, Fotohalbleitern oder kleinen Solarzellen vorgenommen werden. Am einfachsten hat sich bei diesem Experiment als „Mess-Sensor" ein kleiner Fotowiderstand erwiesen, der auf einer kleinen Eigenbau-Drehscheibe nach *Abb. 1.9* in eingezeichneter Bahn verschoben werden kann (um das ganze beleuchtete runde Feld abtasten zu können).

Als sehr hilfreich haben sich für die experimentelle Messung der LED-Lichtintensität einfache Vorrichtungen nach *Abb. 1.10* erwiesen, die wir für dieses Buch in unserem Lab erstellt und ausgetestet haben.

Bei der Lösung nach dem Prinzip aus *Abb. 1.10a* haben wir den Fotowiderstand auf ein kleines Stück Experimentierplatine *(nach Abb. 1.11)* angelötet und diese auf eine ebenfalls kleine, magnetisch leitende Konsole aufgeleimt. Ein Permanentmagnet hält dann an der Rückseite der Drehscheibe (aus 3 mm-dickem Sperrholz) nur durch seine magnetische Kraft den Fotowiderstand fest, was ein leichtes Verschieben des Fotowiderstandes zwischen der Mitte und dem Rand der Drehscheibe ermöglicht.

Der Fotowiderstand wird *(nach Abb. 1.12a)* mittels zweier dünner flexibler Litzen direkt mit einem Ohmmeter (Multimeter) verbunden. Der Ohmmeter zeigt dann laufend an, wie sich der Ohmsche Wert des Fotowiderstandes sowohl während des manuell betätigten Drehens der Scheibe als auch beim unterschiedlichen Abstand zu der Scheibenmitte ändert (was natürlich in einem verdunkelten Raum vorgenommen werden muss).

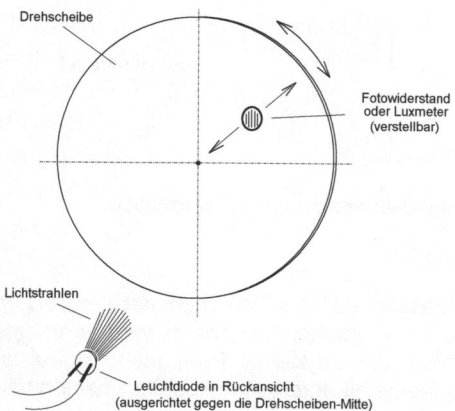

Drehscheibe

Fotowiderstand oder Luxmeter (verstellbar)

Lichtstrahlen

Leuchtdiode in Rückansicht (ausgerichtet gegen die Drehscheiben-Mitte)

Abb. 1.9 Das Messen der Lichtintensität einer LED kann am besten mit Hilfe einer Drehscheibe vorgenommen werden, an der ein Fotowiderstand in der eingezeichneten Bahn verschoben wird (in Kombination mit der Drehung kann die Belichtung der ganzen kreisförmigen Fläche „messtechnisch" ermittelt werden)

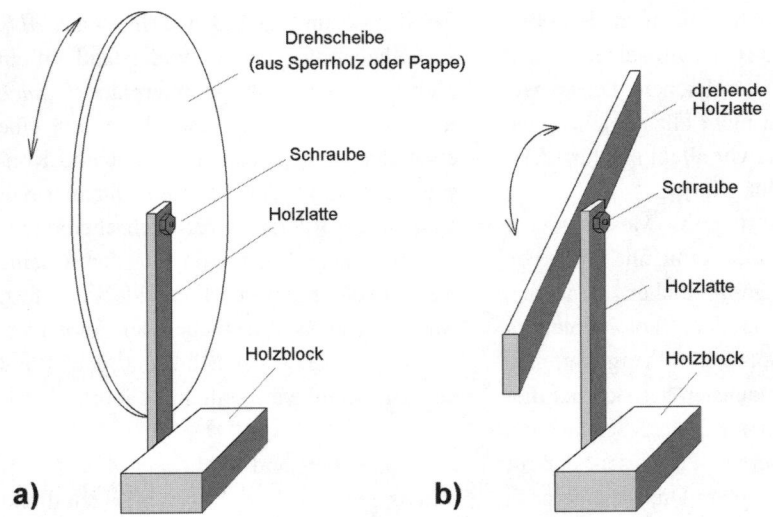

Abb. 1.10 Zwei drehende Hilfsvorrichtungen für das Messen der Ausgewogenheit der LED-Lichtintensität: a) mit Hilfe einer kleinen Drehscheibe; b) mit einer drehenden Holzlatte

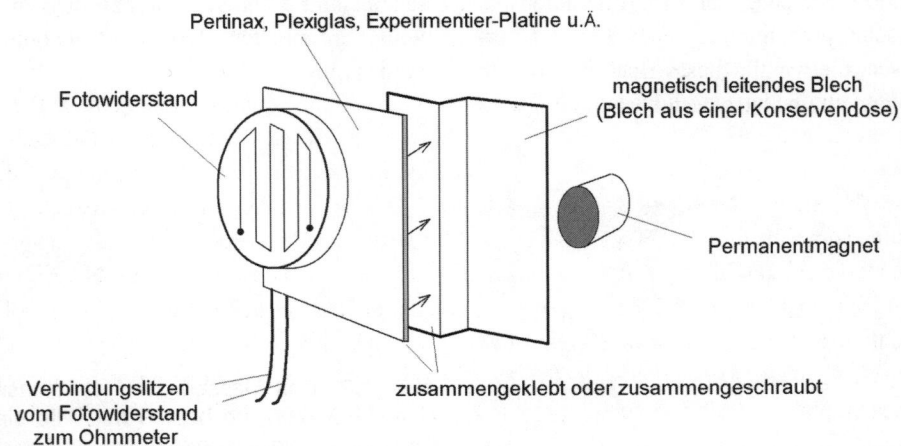

Abb. 1.11 Um den Fotowiderstand – der als „Messsonde" die Lichtintensität der LED im Bereich des ganzen Abstrahlwinkels misst – leicht verschieben zu können, wird er an eine kleine, magnetisch leitende Blechkonsole montiert, die ein kleiner Permanentmagnet an der Rückseite der Drehscheibe (durch die Drehscheibe hindurch) in beliebiger Position hält

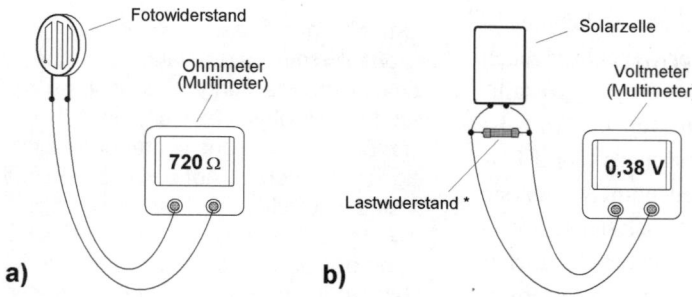

* Lastwiderstand für eine kleine kristalline Zelle bzw. ein Zellenbruchstück von 1 cm² Solarfläche: ca. 22 bis 39 Ohm / 0,25 Watt, für eine 2 cm² große kristalline Solarzelle oder 4 cm² große amorphe Solarzelle: Lastwiderstand ca. 12 bis 18 Ohm / 0,5 Watt. Für amorphe Solarzellenflächen aus kleinen Taschenrechnern eignet sich ein Lastwiderstand von ca. 220 bis 680 Ohm.

Abb. 1.12 Messen der Lichtintensitäts-Ausgewogenheit: a) mit einem Fotowiderstand und Ohmmeter; b) mit einer Solarzelle und Millivoltmeter (Multimeter)

Sollte Ihnen die Erstellung einer Drehscheibe nach *Abb. 1.10a* als etwas zu aufwendig erscheinen, können Sie anstelle der Scheibe nur eine drehend montierte Holzlatte nach *Abb. 1.10b* verwenden. Die eine Hälfte der Holzlatte kann dann z. B. mit einem aufgeleimten Klettband versehen werden, an dem sich der Fotowiderstand oder eine Solarzelle leicht verstellen lassen.

Diese Messung ermöglicht den Vergleich von diversen Leuchtdioden-Typen und zeigt genügend aussagekräftig die Schwankungen der Flächenbeleuchtung in der Form von belichtungsabhängigen Änderungen der Ohmschen Werte des Fotowiderstandes. Wird ein solches Abtasten der ganzen belichteten Fläche in kleineren Schritten (= kleineren Änderungen der Position des Fotowiderstandes) vorgenommen, zeigen die Ergebnisse die Ausgewogenheit und die brauchbaren Grenzen der Flächenbeleuchtung.

Dass bei dieser Messung die Ergebnisse nicht direkt in *Lux,* sondern nur in *Ohm* ermittelt werden, stellt beim Ermitteln der Unterschiede in der Lichtintensität einer LED – oder beim Vergleich von mehreren LEDs – keinen nennenswerten Nachteil dar.

Wie bereits erwähnt wurde, kann als Sensor für die Messung der Lichtintensität auch eine kleine Solarzelle verwendet werden. Gute Dienste kann zu diesem Zweck z. B. eine Solarzelle leisten, die aus einem ausgedienten Taschenrechner ausgebaut wird oder alternativ auch nur ein winziges Solarzellenbruchstück beliebiger Form. Die Unterschiede in der Belichtung werden in diesem Fall als Unterschiede in der Ausgangsspannung ermittelt, die eine Solarzelle jeweils lichtabhängig liefert.

Ähnlich wie bei einer „ganzen" Solarzelle, bewegt sich auch bei einem Solarzellenbruchstück die erzeugte Solarspannung –

21

1

abhängig von der jeweiligen Belichtung – zwischen Null und der typenbezogenen *Leerlaufspannung*. Diese liegt bei kristallinen Solarzellen oberhalb von 0,5 Volt, ist jedoch bei unseren Messungen der LED-Lichtintensität ohne Bedeutung, denn sie entsteht nur auf einer unbelasteten Solarzelle und ändert sich bei unterschiedlicher Belichtung nur wenig. Daher ist es erforderlich, dass eine solche Solar-Messzelle *unbedingt* mit einem kleinen 1/4-Watt- oder 1/2-Watt-Widerstand – nach *Abb. 1.12b* – belastet wird.

Anstelle eines Festwiderstandes kann mit Hilfe eines Einstellpotentiometers der *Lastwiderstand* rein experimentell auf einen Wert eingestellt werden, bei dem die Solarzelle auf Lichtveränderungen mit möglichst großen Veränderungen der Ausgangsspannung reagiert. Mit sinkender Belichtung der Zelle sollte das Voltmeter auch eine „gut wahrnehmbar sinkende" Spannung anzeigen (in etwa nach dem Prinzip: halbe Belichtung = halbe Spannung).

Bemerkung: Die Nennspannung einer kristallinen Solarzelle (bzw. ihres Bruchstücks) beträgt bei optimaler Beleuchtung nur etwa 0,45 bis 0,47 Volt. Das Multimeter sollte zu diesem Zweck bevorzugt über einen Messbereich von 0,5 bis 1 V verfügen. Die Nennspannung einer amorphen Taschenrechner-Solarzellenfläche liegt typenabhängig zwischen ca. 2 und 3 Volt. Daher sollte hier der Belastungswiderstand entsprechend höher sein als bei einer kristallinen Einzelzelle (wie unten in Abb. 1.12 angegeben ist).

Um mit einer länglichen oder „zu großen" amorphen Solarzellenfläche selektivere Messungen vornehmen zu können, empfiehlt es sich, einen Teil der Solarzellenfläche lichtundurchsichtig zu überkleben. Abhängig davon wie viele Einzelzellen oder ein wie großer Teil der Zellenfläche dadurch entfallen, kann der Ohmsche Wert des Lastwiderstandes proportional verringert werden.

Eine Messung der Lichtverteilung ist auch dann zu empfehlen, wenn mehrere Leuchtdioden zu einem Spot oder Reflektor zusammengestellt werden sollen, um eine Fläche oder ein Objekt mit einer möglichst ausgewogenen Lichtintensität zu beleuchten. Dabei kann auch die optimale Ausrichtung der Lichtkegel-Achsen einzelner Dioden experimentell „messtechnisch" ermittelt werden. Darunter ist Folgendes zu verstehen: wenn beispielsweise ein Spot aus 7 Leuchtdioden zusammengesetzt werden soll, ist es mit der Ausgewogenheit der Lichtintensität gar nicht so einfach, wenn jede der LEDs nach *Abb. 1.13* nur für einen Teil der beleuchteten Fläche zuständig ist.

Bei einer solchen Lösung überschneiden sich verständlicherweise die (mehr oder weniger) runden Lichtkreise, wodurch – geometrisch bedingt – der Photonenstrom an einigen Teilflächen stärker, an anderen wiederum schwächer ist.

Werden zu diesem Zweck Leuchtdioden verwendet, die mit einer Optik für ausgewogene Lichtverteilung versehen sind, kann es zufolge haben, dass an Stellen, an denen

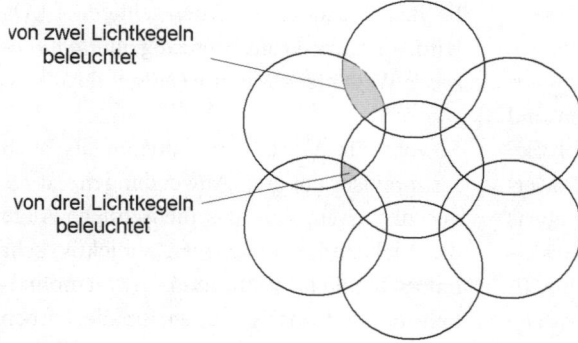

von zwei Lichtkegeln
beleuchtet

von drei Lichtkegeln
beleuchtet

Abb. 1.13 Wenn sich mehrere LEDs die Beleuchtung einer größeren Fläche untereinander teilen, sollten ihre Lichtkegel so ausgerichtet werden, dass die intensiver beleuchteten Teilflächen der einzelnen Lichtkreise nicht allzu störend auffallen

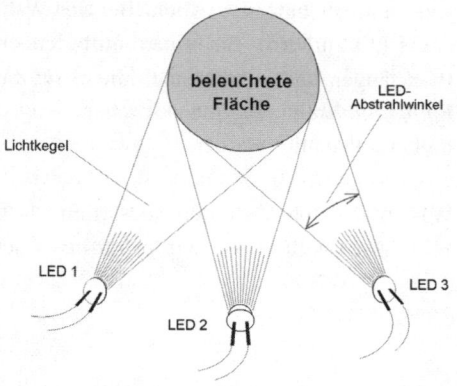

beleuchtete
Fläche

LED-
Abstrahlwinkel

Lichtkegel

LED 1

LED 3

LED 2

Leuchtdioden LED 1 bis LED 3 in Rückansicht
(ausgerichtet gegen die Mitte der beleuchteten Fläche)

Abb. 1.14 Leuchten mehrere LEDs *dieselbe* Fläche voll aus, wird eine optimale Lichtverteilung erzielt

sich mehrere Lichtkreise überdecken, das Licht störend stark wird. Leuchtdioden ohne Optik eignen sich für derartige Vorhaben meistens besser, da ihre Lichtintensität am Rand des Lichtkegels oft etwas schwächer ist, womit die von mehreren Lichtkreisen belichteten Flächen nicht überproportional kräftig ausgeleuchtet sind. Auch hier geht aber Probieren über Studieren, denn „projektbezogen nützliche", herstellerabhängige Unterschiede sind meistens nicht aus den technischen Daten ersichtlich.

Am einfachsten kann eine ausgewogene Belichtung eines kleineren Objektes oder einer kleineren Fläche durch Anwendung einer angemessen kräftigen („super- oder ultrahellen") Einzel-Leuchtdiode erzielt werden. Dies setzt voraus, dass der LED-Lichtkegel (Abstrahlwinkel) und die Entfernung der LED vom belichteten Objekt entsprechend abgestimmt sind. Die Intensität der Beleuchtung kann bei Bedarf durch Anwendung von mehreren Leuchtdioden *(nach Abb. 1.14)* erhöht werden.

1

1.2 Farben und Formen

Die handelsüblichen LED-Grundfarben sind rot, gelb, grün, orange, blau und weiß. Bei einigen der moderneren superhellen „Power-LEDs" werden die Farbnuancen noch etwas feiner oder „werbewirksamer" definiert – vorausgesetzt, der Anwender kann sich z. B. unter den Bezeichnungen wie *„super deep red, hyper red, sunset orange, royal blue"* oder *„cyan"* etwas Konkreteres vorstellen.

Bei den herkömmlichen Standard-LEDs gibt es den Unterschied zwischen *„klar"* und *„diffus"*. Bei klaren LEDs ist das Gehäuse durchsichtig, bei diffusen farbig (was sich auf die Lichtstärke oft etwas dämmend auswirken kann).

In den technischen Daten einiger LEDs wird oft auch die farbenbezogene *dominierende* Wellenlänge (in **nm**) aufgeführt.

Sowohl für das Experimentieren als auch für praxisorientierte Anwendungen ist es gut zu wissen, dass das menschliche Auge die Lichtstärke der Farben subjektiv sehr unterschiedlich wahrnimmt. Am empfindlichsten sind unsere Augen für die Farben gelb und grün. Auf alle restlichen Farben (andere Wellenlängen) reagieren unsere Augen ziemlich unterschiedlich. Bei der Wahl der LED-Farbe(n) für einen auffallenden Blickfänger, sollte daher auch die *spektrale Empfindlichkeit* der menschlichen Augen mitberücksichtigt werden.

Was man sich darunter vorstellen darf, zeigt *Abb. 1.15*. Dass wir infrarotes oder

Abb. 1.16 Die superhellen weißen SMD-LEDs von Conrad Elektronik weisen bei einer Betriebsspannung (U_F) von 3,6 V und einem Betriebsstrom (I_F) von 20 mA eine eindrucksvolle Leuchtstärke von 300 mcd auf; Abmessungen (L x B x H): 3 x 2 x 1,5 mm

Abb. 1.17 Trotz der kleinen Abmessungen (von 2,5 x 2 x 2,7 mm) kann eine solche „SMD-LED" von *Everlight* auch mit einem normalen Lötkolben verlötet werden, da ihre Anschlüsse insgesamt 7,4 mm lang sind

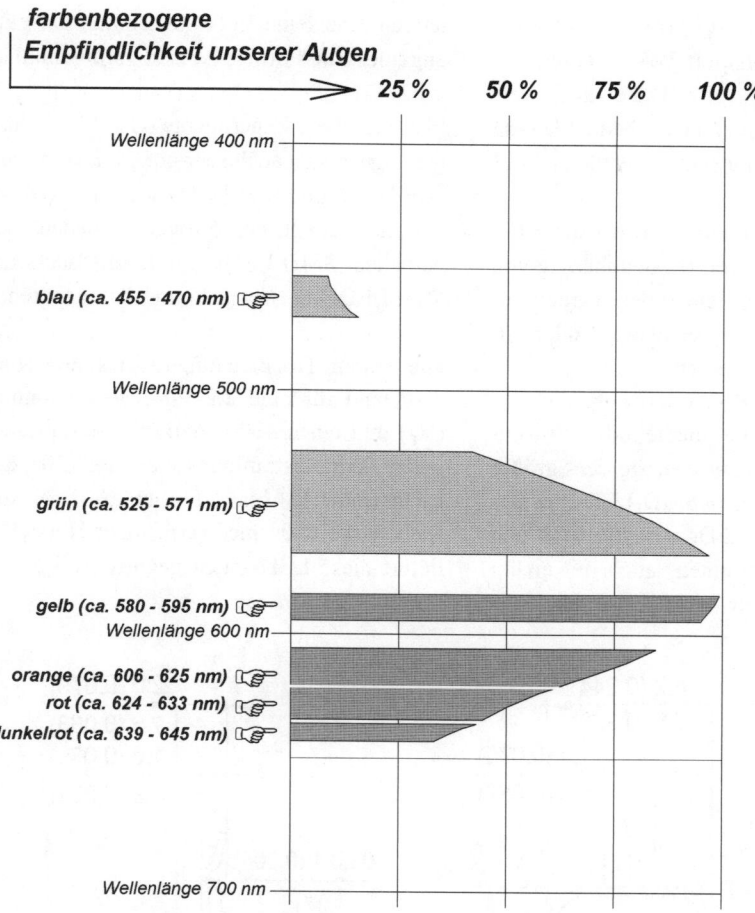

farbenbezogene
Empfindlichkeit unserer Augen

25 %   50 %   75 %   100 %

Wellenlänge 400 nm

blau (ca. 455 - 470 nm) ☞

Wellenlänge 500 nm

grün (ca. 525 - 571 nm) ☞

gelb (ca. 580 - 595 nm) ☞
Wellenlänge 600 nm

orange (ca. 606 - 625 nm) ☞
rot (ca. 624 - 633 nm) ☞
dunkelrot (ca. 639 - 645 nm) ☞

Wellenlänge 700 nm

die Farbe "Amber" (goldbraun) liegt im Bereich von ca. 590 - 617 nm

Abb. 1.15 CIE-Empfindlichkeitskurve mit Einteilung der Grundfarben

ultraviolettes Licht nicht sehen können, wurde uns bereits in der Schule eingehämmert. Dass wir aber blaue Farbe bzw. blaues Licht so schwach wahrnehmen, wie die *CIE-Empfindlichkeitskurve* zeigt, ist dagegen schon weniger bekannt. Sogar ein tiefrotes Licht (Wellenlänge von 639 nm) muss wesentlich kräftiger strahlen als ein gelbes Licht, wenn unsere Augen beide

Lichtfarben als ausgewogen intensiv wahrnehmen sollen.

Die in *Abb. 1.15* angegebenen Wellenlängen der gängigsten LED-Farben definieren nicht die Grenzen der physikalischen Bereiche, sondern beziehen sich auf die *dominierenden* Wellenlängen der gängigen farbigen Leuchtdioden. Nebenbei: weißes Licht be-

1

inhaltet das volle Farbspektrum – also sozusagen eine Kombination von (theoretisch) allen Farben, die es gibt. Daher kann verständlicherweise bei einer weißen LED eine Wellenlänge nicht angegeben werden.

Was die handelsüblichen Formen der LED anbelangt: sie sind zwar oft unabhängig von der Lichtfarbe, aber viele Typen werden nur mit einer geringen Farbenauswahl oder nur als weiße LEDs angeboten.

Für speziellere Experimente oder Anwendungen eignen sich auch einige der „größer geratenen" superhellen SMD-LEDs, zu denen auch die Mini-LEDs aus *Abb. 1.16* und *1.17* gehören. Sie können auch mit einem normalen Lötkolben verlötet werden, was

jedoch eine feine Lötkolbenspitze und eine angemessene Portion Geduld voraussetzt.

Für speziellere Experimente oder Anwendungen eignen sich auch sehr gut die *Luxeon-SuperFlux*-High-power-LEDs aus *Abb. 1.16* sowie auch einige der „größer geratenen" superhellen SMD-LEDs, zu denen auch die Mini-LEDs aus *Abb. 1.17* und *1.18* gehören.

Die Osram-Hochleistungs-LEDs aus *Abb. 1.18* sind für eine 2,2-V-Betriebsspannung (V_F) und einen 400-mA-Betriebsstrom ausgelegt. Der Abstrahlwinkel beträgt 120°, der Lichtstrom 13 bis 24 Lumen (lm), die Lichtstärke 6000 mcd (typ.). Der Hersteller liefert diese LEDs auch gegurtet (als Streifen) nach *Abb. 1.19*.

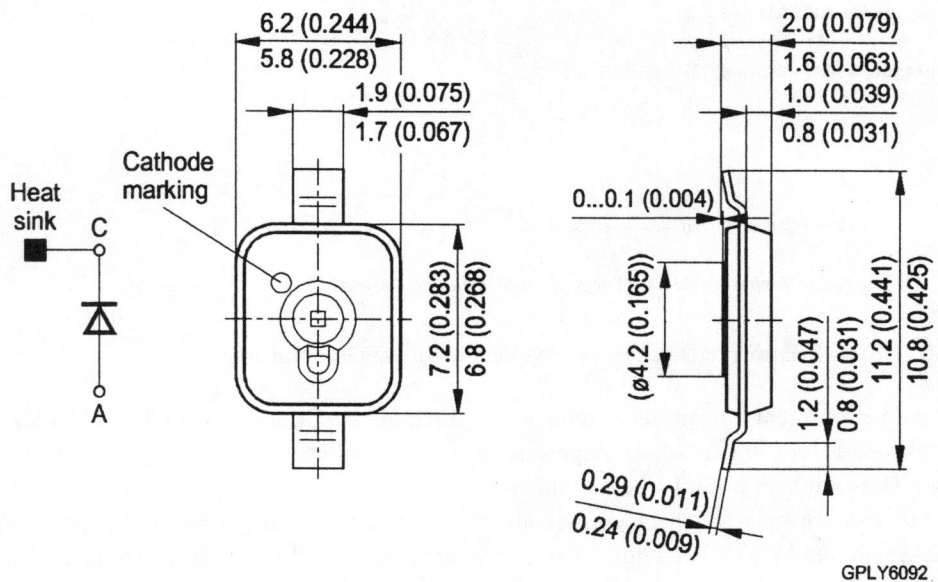

Abb. 1.18 Etwas größer (und somit „lötfreundlicher") sind die neuen 1-Watt-Hochleistungs-LEDs von Osram (Werkzeichnung Osram; *Maße in Klammern sind inch-Maße*)

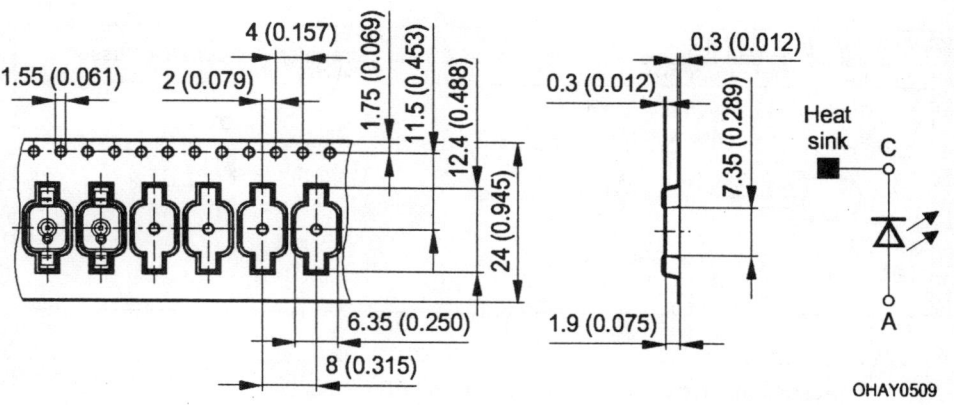

Abb. 1.19 Gegurtete LEDs aus vorhergehender Abbildung (Werkzeichnung Osram; *Maße in Klammern sind inch-Maße*)

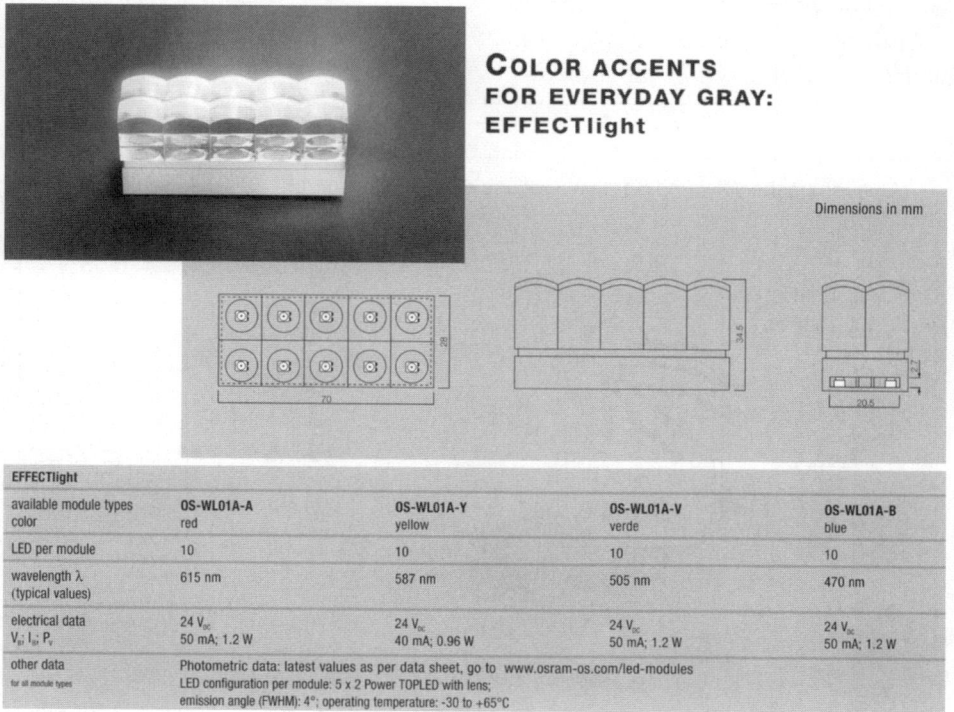

COLOR ACCENTS
FOR EVERYDAY GRAY:
EFFECTlight

Dimensions in mm

EFFECTlight				
available module types color	OS-WL01A-A red	OS-WL01A-Y yellow	OS-WL01A-V verde	OS-WL01A-B blue
LED per module	10	10	10	10
wavelength λ (typical values)	615 nm	587 nm	505 nm	470 nm
electrical data $V_p; I_p; P_e$	24 V_{DC} 50 mA; 1.2 W	24 V_{DC} 40 mA; 0.96 W	24 V_{DC} 50 mA; 1.2 W	24 V_{DC} 50 mA; 1.2 W
other data for all module types	Photometric data: latest values as per data sheet, go to www.osram-os.com/led-modules LED configuration per module: 5 x 2 Power TOPLED with lens; emission angle (FWHM): 4°; operating temperature: -30 to +65°C			

Abb. 1.20 Ausführungsbeispiel eines Osram-LED-Moduls, das mit 10 Mini-LEDs bestückt ist und zu beliebig großen Lichtstreifen oder Lichtfeldern zusammengesetzt werden kann (Bild: Osram)

Ausführung und Schaltzeichen einer Duo-LED mit getrennten Anodenanschlüssen

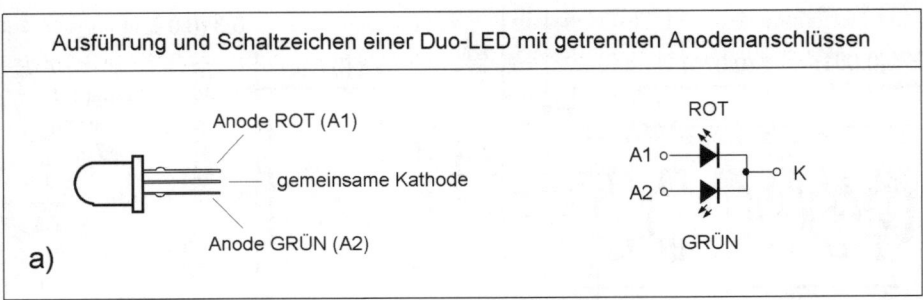

a)

Ausführung und Schaltzeichen einer Duo-LED mit nur zwei Anschlüssen

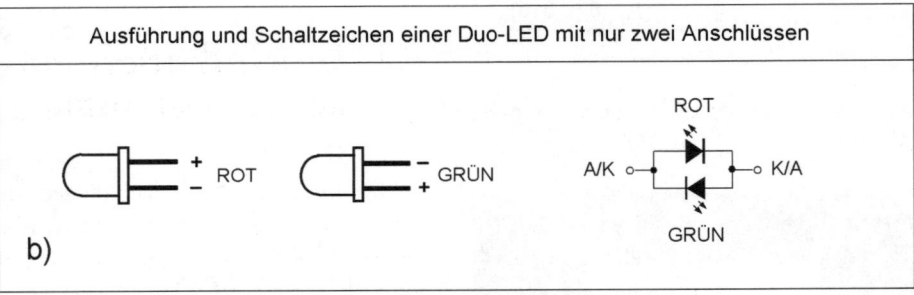

b)

Ausführungsbeispiel und Kontaktbelegung einer "Full-color-LED" mit 6 Anschlüssen

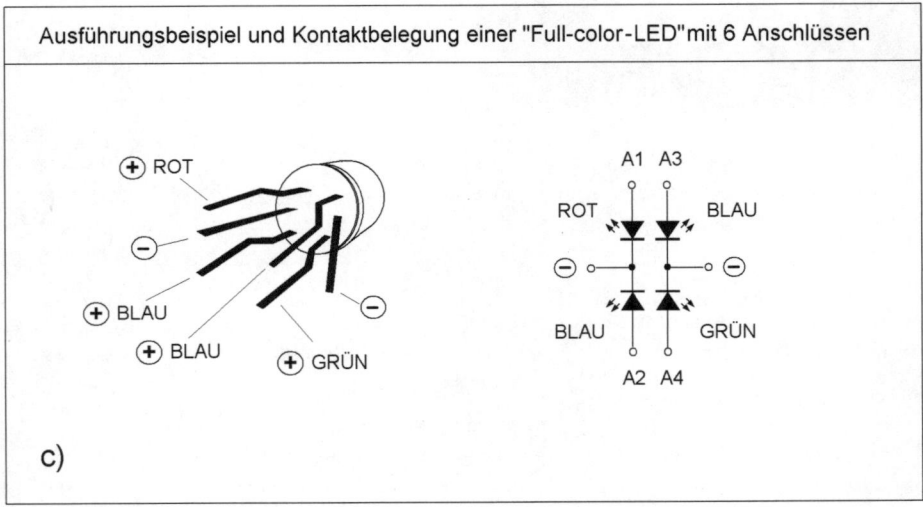

c)

Abb. 1.21 Mehrfarbige Leuchtdioden: a) Mit getrennten Anodenanschlüssen; b) Mit nur zwei Anschlüssen (die Polarität der Versorgungsspannung ist für die zuständige Farbe bestimmend); c) Eine Leuchtdiode mit vollem Farbspektrum, bei der jede Farbe über einen separaten Anschluss verfügt

Etliche Leuchtdioden sind bekannterweise als zweifarbige Duo-LEDs bzw. als mehrfarbige „Vollspektrum-" (full-color-) LEDs ausgelegt. In dem Fall sind zwei oder auch mehrere Einzeldioden in einem gemeinsamen Gehäuse nach *Abb. 1.21* untergebracht.

Für die meisten Anwendungen sind Duo-LEDs mit drei Anschlüssen nach *Abb. 1.21a* am günstigsten. Bei Duo-LEDs, die nach *Abb. 1.26b* konzipiert sind, erfolgt der Farbwechsel nur durch Polaritätswechsel der Versorgungsspannung – was die elektronische Ansteuerung unter Umständen kompliziert. Bei allen anderen mehrfarbigen LEDs können die einzelnen Dioden unabhängig voneinander geschaltet werden, wodurch auch Kombinationen von mehreren, gleichzeitig leuchtenden „Farben" möglich sind.

Bei der „Full-color-LED" nach *Abb. 1.21c (Anbieter Conrad Elektronik)* sind die drei Grundfarben **rot** *(GaAsP)*, **grün** *(GaP)* und zweimal **blau** *(Sic)* in einem gemeinsamen Gehäuse (Ø 5 mm) untergebracht. Jede Farbe (Diode) ist über einen eigenen Anschluss separat ansteuerbar. Durch Verändern der Ströme einzelner LEDs kann das Helligkeitsverhältnis der Grundfarben beliebig gemixt werden. So können theoretisch unendlich viele Farben erzeugt werden.

1.3 Leuchtdioden mit speziellen Funktionen

Zu den bekanntesten Leuchtdioden mit spezieller Funktion gehören diverse blinkende Leuchtdioden. Sie sind meist nur als „Standard-LEDs" für eine Versorgungsspannung von etwa 5 bis 15 V (typenbezogen) konzipiert und ihre Blinkfrequenz beträgt (ebenfalls typenbezogen) etwa 1 bis 3 Hz.

Interessant an diesen Leuchtdioden ist, dass sie z.B. nach *Abb. 1.22* in Reihe mit

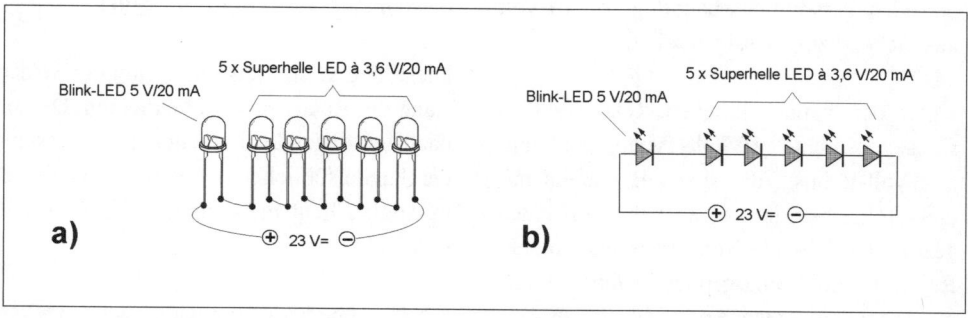

Abb. 1.22 Wird eine „Blink-LED" z.B. in Reihe mit superhellen 20-mA-LEDs geschaltet, blinken in ihrem Takt auch alle superhellen LEDs der Kette: a) bildliche Darstellung; b) Darstellung mit Hilfe von üblichen Schaltzeichen

1

superhellen 20 mA-LEDs geschaltet werden können, um somit blinkende Leuchtketten oder Warnsymbole zu steuern. In diesem Fall ist es erforderlich, dass alle LEDs der Kette für denselben Betriebsstrom ausgelegt sind und dass die Versorgungsspannung der Kette mit der Summe aller einzelnen LED-Betriebsspannungen übereinstimmt (siehe hierzu auch Kap. 2).

Viele der superhellen (oder „ultrahellen") Leuchtdioden sind für einen Betriebsstrom konzipiert, der wesentlich höher liegt, als der Betriebsstrom der gängigen blinkenden LEDs. In dem Fall kann die „Blink-LED" z.B. ein kleines elektromagnetisches Relais nach *Abb. 1.23* blinkend steuern. Der Relaiskontakt **K** schaltet die Stromzufuhr zu den superhellen LEDs, die bei Bedarf auch in mehreren parallelen Ketten verschaltet werden können.

Beim Nachbau dieser Schaltung ist auf Folgendes zu achten: Der Ohmsche Widerstand der Relais-Magnetspule sollte *in diesem Fall* in Grenzen zwischen ca. 640 und 720 Ω liegen. Zudem ist ein Relais zu verwenden, das bei einer Versorgungsspannung von 10 Volt ausreichend zuverlässig arbeitet.

Unter den handelsüblichen Relais gibt es nur selten „echte" 10 Volt-Typen, wohl aber „12 Volt-Relais", die sich z.B. bereits mit einer Betriebsspannung ab 8,4 V zufrieden geben. Die Spulen-Nennspannung solcher Relais ist im Katalog oder Datenblatt folgendermaßen angegeben: „*12 V= (8,4 ... 27,6 V)*". Dies beinhaltet, dass die Magnetspule eine Betriebsspannung benötigt, die im Bereich zwischen den angegebenen

8,4 und 27,6 V liegt. Ein derartiges Relais wird daher unserer Anforderung gerecht.

Der Ohmsche Widerstand der Relaisspule ist verständlicherweise für den Strom bestimmend, der durch sie fließt. Wird eine 5V/20 mA-Blink-LED in Reihe mit der Magnetspule des Relais geschaltet, darf der Spulen-Strombedarf die 20 mA nicht überschreiten (das würde die Blink-LED nicht verkraften).

Was darunter zu verstehen ist, lässt sich auf folgende Weise *vereinfacht* berechnen: Ausgehend davon, dass in dem Beispiel aus *Abb. 1.23* eine Versorgungsspannung von 15 V angewendet wird, entfallen davon 5 V auf die Blink-LED und 10 V auf die Relaisspule. Da durch die Blink-LED – und somit auch durch die Relaisspule – ein Strom von maximal 20 mA (= 0,02 A) fließen darf, ergibt sich daraus, nach dem Ohmschen Gesetz, der minimale Ohmsche Widerstand der Relaisspule.

Das Ohmsche Gesetz lautet „*Spannung [V] : Strom [A] = Widerstand [Ω]*". Das sind in diesem Fall: **10 V : 0,02 A = <u>500 Ω</u>**

Diese 500 Ω sind als ein <u>minimaler</u> Widerstand der Relaisspule zu betrachten. Der am nächsten liegende „brauchbare" Widerstand der handelsüblichen 10 V- bzw. 12 V-Relaisspulen liegt meistens zwischen ca. 640 und 720 Ω.

Ob die superhellen Leuchtdioden ihre Versorgungsspannung von einer gemeinsamen oder einer separaten Spannungsquelle *(nach Abb. 1.23a bzw. 1.23b)* beziehen, ist egal.

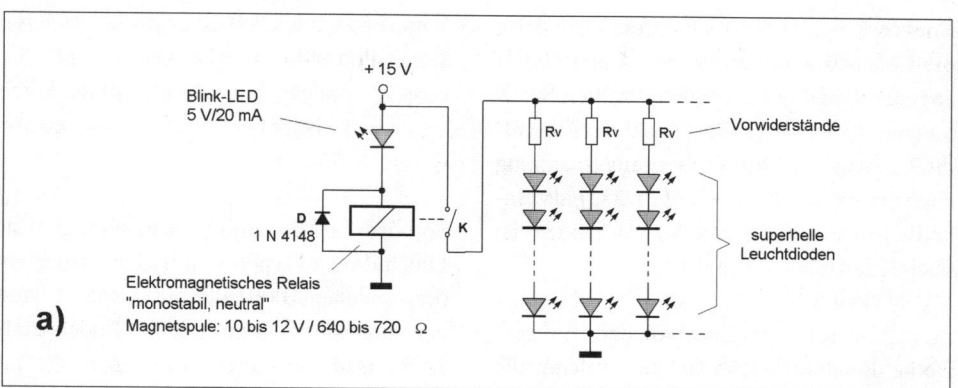

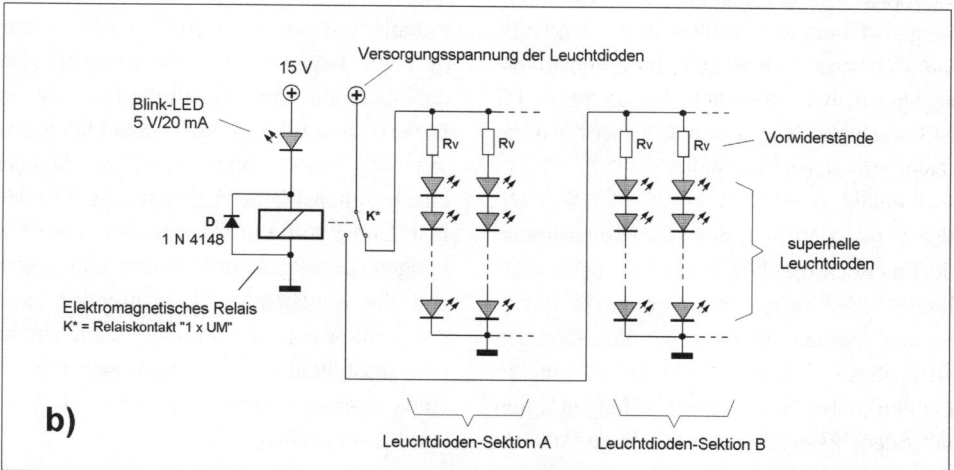

Abb. 1.23 Eine „Blink-LED" kann als Steuerglied eines kleinen elektromagnetischen Relais verwendet werden, um über den Relaiskontakt *K* einen kräftigeren Strom für superhelle (oder „ultrahelle") LEDs im blinkenden Takt zu schalten: a) Lösung mit einer LED-Sektion; b) Lösung mit zwei LED-Sektionen, die sich blinkend abwechseln

Bemerkung: *Die Schutzdiode **D**, die in unseren Schaltbeispielen parallel zu der Relaisspule eingezeichnet ist, schützt die Blink-LED vor zu hohen Spannungsstößen (Spannungsspitzen), die jeweils beim Abschalten der Relaisspule entstehen. Zu diesem Zweck kann bei kleineren Relais eine beliebige Siliziumdiode (Gleichrichterdiode) ver-*

*wendet werden. Die maximale Anzahl der Leuchtdioden, die vom Relaiskontakt geschaltet werden dürfen, hängt nur von der Schaltleistung bzw. vom max. zulässigen **Schaltstrom der Relaiskontakte** ab. Dieser ist unter den technischen Daten eines jeden Relais aufgeführt.*

Entweder wird die Versorgungsspannung der Leuchtdioden auf den Spannungsbedarf angepasst, der sich aus den einzelnen Spannungen addiert oder die Anzahl der Leuchtdioden wird auf die Versorgungsspannung abgestimmt, die *(wie in Abb. 1.23a)* als einheitliche Spannung (15 V) vorhanden ist (siehe hierzu auch Kap. 2).

Zu den interessanten Leuchtdioden „mit spezieller Funktion" gehören auch solche, die als optische Unterspannungs-Überwachung ausgelegt sind. Sie leuchten auf, sobald z.B. die Spannung einer Batterie unter einen vorgegebenen Wert absinkt. Ein zusätzlicher, im LED-Gehäuse integrierter, Chip ist für diese „Sonderfunktion" zuständig.

Infrarot-, Laser- oder Lichtleiterdioden dürften auch den Leuchtdioden mit spezieller Funktion zugeordnet werden. In Bezug auf die Spannungsversorgung unterscheiden sich diese Dioden nicht von anderen Leuchtdioden. Nur die Anwendungen fallen in andere Fachgebiete (auf einige Anwendungsbeispiele kommen wir noch später zurück).

1.4 Lebensdauer der Leuchtdioden

Leuchtdioden weisen im Allgemeinen eine sehr hohe Lebensdauer auf, die oft 100.000 Stunden oder auch *„mehr als 100.000 Stunden"* bzw. *„bis zu 100.000 Stunden"* beträgt.

Abgesehen davon, dass eine Formulierung in der Form von „bis zu" immer mit etwas

Vorsicht zu genießen ist, wird bei *manchen* „High-Power-Leistungsdioden" eine Lebensdauer angegeben, die wesentlich kürzer ist, als wir bisher bei Leuchtdioden gewohnt waren.

So wird z.B. bei einigen speziellen 5-Watt-Leuchtdioden-Typen eine Lebensdauer von bescheidenen 1000 oder 5000 Betriebsstunden angegeben. Sind solche Dioden z. B. als optische Anzeigen vorgesehen, die nur unter besonderen Umständen (Notfall-Situationen) aktiviert werden, ist eine derartig kurze Lebensdauer nicht hinderlich. Bei der Auswahl von Leuchtdioden, die im Dauerbetrieb oder in länger dauernden Einschalt-Zyklen arbeiten sollen, ist dagegen eine möglichst lange Lebensdauer erforderlich. Daher sollte in Datenblättern oder Katalogen darauf geachtet werden, ob bei einigen der angebotenen Leuchtdioden nicht ein Sternchen oder ein anderes Zeichen auf eine zusätzliche Bemerkung hinweist, in der eine *„typenbezogene limitierte Lebensdauer"* angegeben wird.

Zudem ist bei der Angabe der theoretischen Lebensdauer einer jeden Leuchtdiode die Tatsache zu berücksichtigen, dass ihr Lichtstrom ab der Inbetriebnahme kontinuierlich abzunehmen beginnt.

Was man sich darunter konkret vorstellen kann, erläutert die Grafik in *Abb. 1.29.* Das in der Grafik angegebene „TJ = 70 C" bezieht sich darauf, dass die Test-Temperatur 70 °C betragen hat. Wird die tatsächliche Betriebstemperatur niedriger als die 70 °C, verringert sich der Verlust der Lichtintensität. Übersteigt die Betriebstemperatur die in der

Grafik vorgesehene Betriebstemperatur von 70 °C, hat es wiederum einen schnelleren Rückgang der Lichtintensität zufolge.

Das in *Abb. 1.24* dargestellte Absinken der Lichtintensität in Abhängigkeit von Betriebsstunden und Betriebstemperatur bezieht sich zwar nur auf die superhellen 1-Watt-Luxeon-Leuchtdioden, ist jedoch im Prinzip repräsentativ für die meisten Leuchtdioden kleinerer Leistungen. Zumindest mehr oder weniger. Auf größere, technologisch bedingte Abweichungen weist oft der Hersteller speziell auf.

Bei **Leistungs-Leuchtdioden**, deren Konstruktion darauf hinweist, dass sie für die Montage auf einen **Kühlkörper** vorgesehen sind, ist die Lebensdauer der Diode von der Qualität der Kühlung stark abhängig.

LEDs, die für eine Montage auf zusätzliche Kühlkörper vorgesehen sind, verfügen oft über Bohrungen oder Ösen *(nach Abb. 1.25)*, für Schraubverbindung mit einem zusätzlichen Kühlkörper. Abhängig von der anwendungsbezogenen Anordnung solcher LEDs, können diese auf Einzel-Kühlkörper *(nach Abb. 1.25a)* oder auf gemeinsame Kühlkörper *(nach Abb. 1.25b)* montiert werden. Zu manchen Leuchtdioden sind passende Kühlkörper (bei denselben Bezugsquellen) erhältlich. Für längere Leistungs-LED-Reihen kann als Kühlkörper ein Aluminium-U-Profil (z. B. 40 x 60 x 40 x 4 mm) angewendet werden.

Von der richtigen Dimensionierung der LED-Kühlkörper hängt die „Lebenserwartung" der LED ab. Dabei darf bei blinkenden oder nur jeweils kurz aufleuchtenden Hochleistungs-LEDs der Kühlkörper etwas spärli-

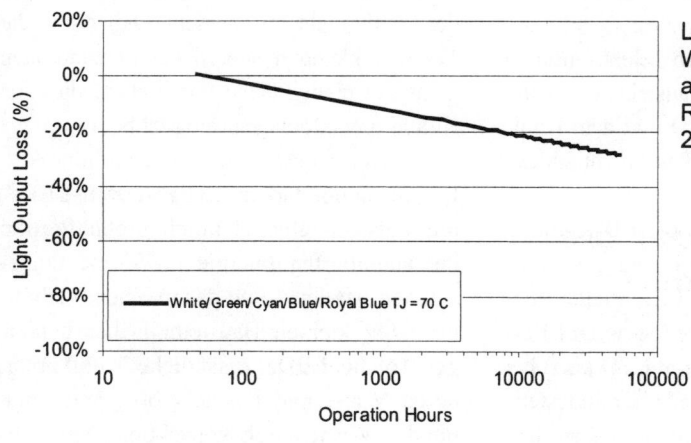

Abb. 1.24 Grafische Darstellung der Lichtintensität-Abnahme bei superhellen 1-Watt-/350-mA-Luxeon-LEDs (Hersteller-Grafik)

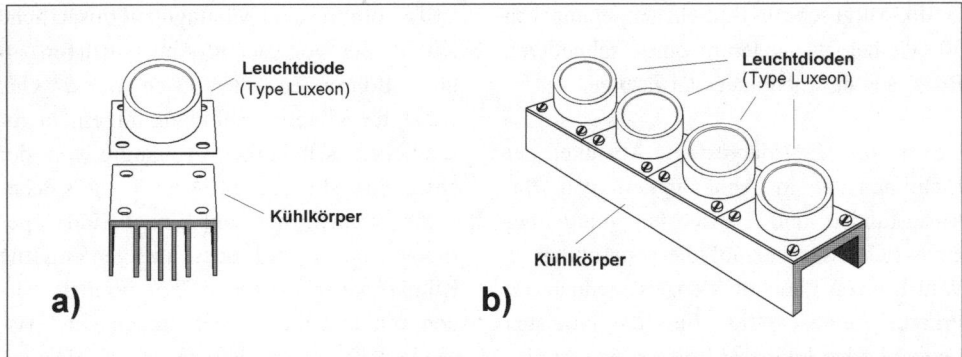

Abb. 1.25 Superhelle Hochleistungs-Leuchtdioden, die für die Kühlkörper-Montage ausgelegt sind, sollten unbedingt einen Kühlkörper erhalten, wenn sie im Dauerbetrieb bzw. in jeweils länger andauernden Einschalt-Zyklen betrieben werden: a) zu manchen Leuchtdioden sind passende Kühlkörper als Standard-Zubehör erhältlich; b) Anordnungsbeispiel der Leuchtdioden an einem gemeinsamen Kühlkörper (Aluminium-U-Profil)

cher dimensioniert sein als bei einem Dauerbetrieb. Unter den Begriff „Dauerbetrieb" fällt auch ein Betrieb, der zwar nur relativ kurz dauert, aber dennoch dazu ausreicht, dass sich die Leuchtdiode auf eine für sie lebensbedrohliche Temperatur aufheizt.

Ähnlich wie bei anderen elektronischen „kühlungsbedürftigen" Bausteinen, sollte auch hier zwischen der LED und dem Kühlkörper eine wärmeleitende Paste nicht fehlen.

Der Hinweis auf eine gute LED-Kühlung dürfte etwas irritierend sein, da Leuchtdioden offiziell als kühle Lichtquellen bekannt sind. Das trifft für die kleineren LEDs zu. Zumindest „relativ". Eine LED kann bei dem heutigen Stand der Technik mindestens ca. 10% der ihr zugeführten elektrischen Energie in Licht umwandeln. Der Rest wird zu einem kleinen Teil als „Wärme abtransportierendes" infrarotes Licht, zum größten Teil als Wärme, über den Dioden-Körper

und die Dioden-Anschlüsse in die Umgebung abgegeben.

Da bei kleineren LEDs der Energieverbrauch ziemlich gering ist, hält sich hier auch die Wärmeentwicklung in Grenzen und fällt in der Praxis nicht ins Gewicht. Daher sind die Gehäuse kleinerer superheller Leuchtdioden nicht mit einer Fläche vorgesehen, die eine Kühlkörper-Montage ermöglicht.

Bei leistungsstarken „High-Power-LEDs" muss jedoch eine ziemlich große Portion der zugeführten Energie in Wärme umgewandelt werden – und das in einem verhältnismäßig kleinen Baustein. Daher benötigen solche LEDs zusätzliche Kühlkörper, deren Masse und Fläche groß genug sind, um die Wärme durch Konvektion (Ausstrahlung) in die Umgebungsluft abgeben zu können.

Lebensdauer der Leuchtdioden

Neben einer guten Kühlung ist für die Lebensdauer von leistungsstarken Leuchtdioden wichtig, dass der vorgegebene Betriebsstrom (I_F) nicht überschritten wird (darauf kommen wir im folgenden Kapitel noch zurück).

Stromversorgung

Leuchtdioden sind vom Prinzip her als polaritätsabhängige Gleichstrom-Leuchtkörper ausgelegt.

Bei der Anwendung einer Leuchtdiode verdient an erster Stelle **nicht** die **Betriebsspannung**, sondern der **Betriebsstrom (I_F)** Aufmerksamkeit. Dies ist für die Praxis schon deshalb wichtig, weil bei vielen Leuchtdioden die Betriebsspannung nur in der Form „von–bis" angegeben wird.

Bei diesem „von–bis" handelt es sich oft um einen Spannungsbereich, in dem die LED ihre volle Lichtintensität nur dann erreicht, wenn die eigentliche Betriebsspannung so eingestellt wird, dass die LED den vom Hersteller angegebenen **Betriebsstrom (I_F)** bezieht. Dabei darf die vom Hersteller angegebene Spannungs-Obergrenze – bzw. die separat angegebene *maximale LED-Spannung „$U_{Fmax.}$"* – nicht überschritten werden. Dasselbe gilt auch für die *LED-Nennleistung „P"*. Diese ergibt sich aus der *„Durchlassspannung (U_F)"* und dem *maximalen Betriebsstrom (I_F)* nach der Formel

$$P = U \times I$$

U = *LED-Durchlassspannung (U_F) in Volt**
I = *LED-Betriebsstrom (I_F) in Ampere*
P = *LED-Nennleistung in Watt*

* In englischsprachigen Prospekten und auch in vielen deutschen Datenblättern – bzw. Katalogen – wird die Durchlassspannung nicht als „U_F", sondern als „V_F" bezeichnet.

Wird eine LED an eine Gleichspannung *polaritätsgerecht* angeschlossen, besteht die Gefahr einer Vernichtung hier vor allem dann, wenn die LED einen höheren Strom (I_F) bezieht, als sie laut technischer Daten verkraften dürfte. Sie kann jedoch unter Umständen auch dann vernichtet werden, wenn ihre Abnahmeleistung *(als U x I)* überschritten wird oder wenn sie in „nicht leitender" Richtung (= falsch gepolt) an eine *zu hohe* Spannung angeschlossen wird. Das kann durch Versehen oder bei Anwendung einer „unbekannten" LED passieren.

Im Kap. 1 haben wir bereits in einigen Schaltungen Leuchtdioden-Reihen mit Vorwiderständen eingezeichnet. Die Aufgabe solcher Vorwiderstände besteht darin, dass sie von der zur Verfügung stehenden Versorgungsspannung den überflüssigen Teil sozusagen in sich hineinfressen und als Wärme an die Umgebung abgeben.

Ein konkretes Beispiel zeigt *Abb. 2.1*: Eine Leuchtdiode, die laut ihrer technischen Daten für eine Betriebsspannung von 1,6 bis 2,7 V ausgelegt ist, darf an eine 4,5-Volt-Batterie nicht direkt angeschlossen werden (die zu hohe Batteriespannung würde sie vernichten). Daher muss in den „Stromkreislauf" nach *Abb. 2.1* ein *Vorwiderstand* eingelötet werden, der den unerwünschten Spannungsüberschuss (von 1,8 bis 2,9 Volt) abfängt.

Es spielt dabei keine Rolle an welcher Stelle (an welchem Pol der Batterie) dieser Vorwiderstand angebracht wird. Daher wird dieser Widerstand oft auch als *„Reihenwiderstand"*

bezeichnet, weil er einfach „irgendwo" in Reihe mit der LED – bzw. mit mehreren LEDs – eingelötet wird. Wir bleiben dennoch bei der etablierten Bezeichnung *„Vorwiderstand"*, da sie eindeutiger die Vorstellung der Funktion hervorhebt.

Je höher die Spannungsdifferenz ist, die der Vorwiderstand abzufangen hat, umso höher die Gefahr, dass eine falsch gepolt angeschlossene LED vernichtet werden kann. *Abb. 2.3* verdeutlicht, worin das Problem liegt: Ist eine Leuchtdiode *polaritätsgerecht* angeschlossen, bezieht sie einen Strom, der auch durch den Vorwiderstand fließt und an diesem *(nach Abb. 2.3a)* den erforderlichen Spannungsverlust (in unserem Beispiel die 11,4 V) verursacht. Für die LED bleibt dann nur noch die erforderliche Restspannung

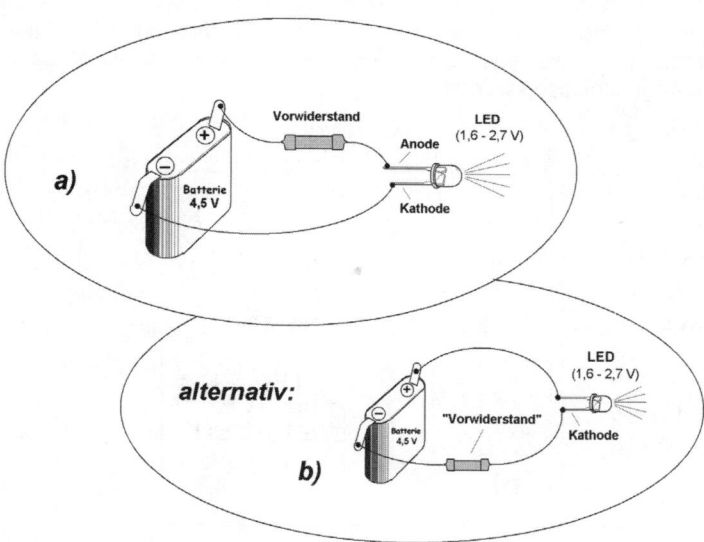

Abb. 2.1 Ein Vorwiderstand fängt die überschüssige Spannung ab, die ansonsten eine LED vernichten würde

2

U_F *(von 3,6 V)* übrig. Wird jedoch die LED falsch gepolt angeschlossen, bezieht sie keinen Strom, der Vorwiderstand fängt somit **nicht** den überflüssigen Teil der Versorgungsspannung ab und die Anschlüsse der LED sind daher *(nach Abb. 2.3b)* mit der vollen Versorgungsspannung konfrontiert. Typenbezogen kann dadurch die Leuchtdiode in dem Fall durch eine zu hohe Spannung vernichtet werden.

So etwas geschieht zwar in der Praxis nur relativ selten, denn die meisten LEDs sind in der Hinsicht ziemlich strapazierfähig. Beim Experimentieren mit teuren superhellen Leuchtdioden ist dennoch Vorsicht geboten. Vor allem dann, wenn die eigentliche Quellenspannung (vor dem Vorwiderstand) vielfach höher ist als die vom Hersteller vorgegebene LED-Betriebsspannung (Durchlassspannung).

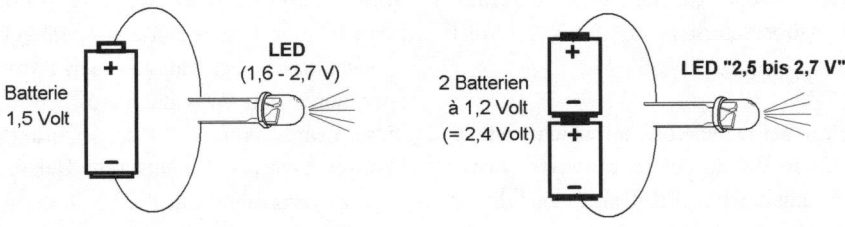

Abb. 2.2 Eine Leuchtdiode, deren Betriebsspannung zwischen den „gängigsten" 1,6 bis 2,7 V liegt, kann an eine 1,5-Volt-Batterie ohne Vorwiderstand angeschlossen, bzw. auf richtige Polarität getestet werden (bei verkehrter Polarität leuchtet die LED nicht, aber sie erleidet bei dieser geringen Spannung keinen Schaden); ist eine LED für 2,5 bis 2,7 V ausgelegt, kann sie selbstverständlich ebenfalls ohne einen Vorwiderstand an eine „Spannungsquelle" von 2,4 Volt angeschlossen werden

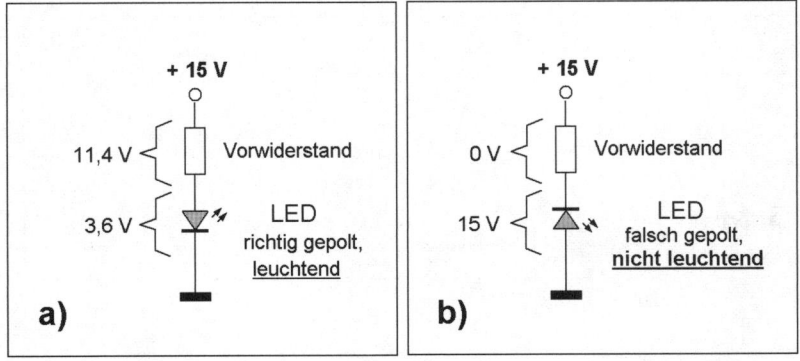

Abb. 2.3 Wird eine LED an eine wesentlich höhere Versorgungsspannung über einen Vorwiderstand angeschlossen, fängt dieser den unerwünschten „Spannungsüberschuss" nur dann auf, wenn der Anschluss polaritätsgerecht erfolgte

2

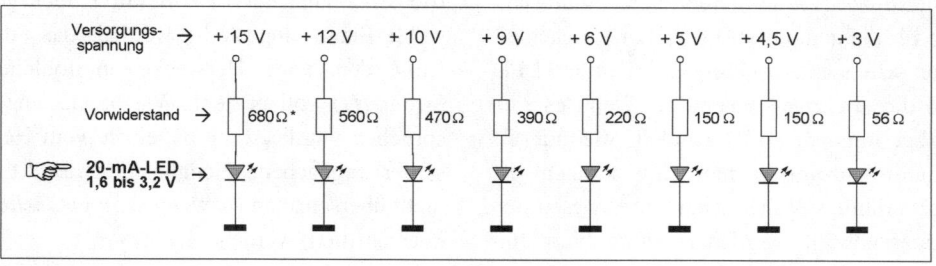

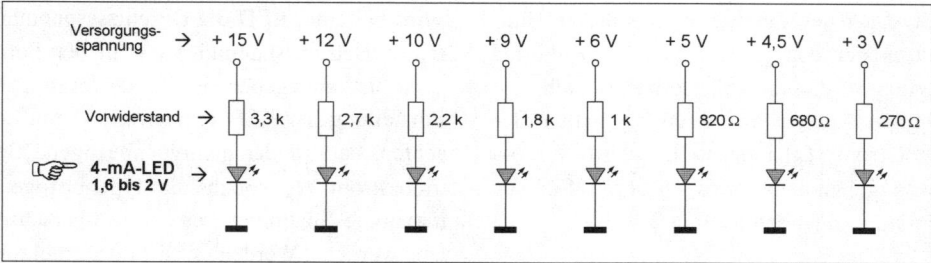

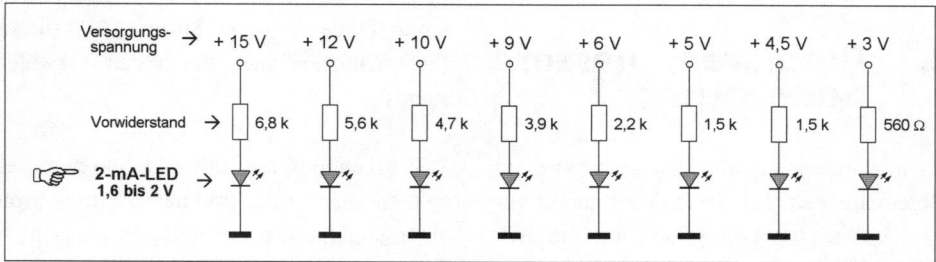

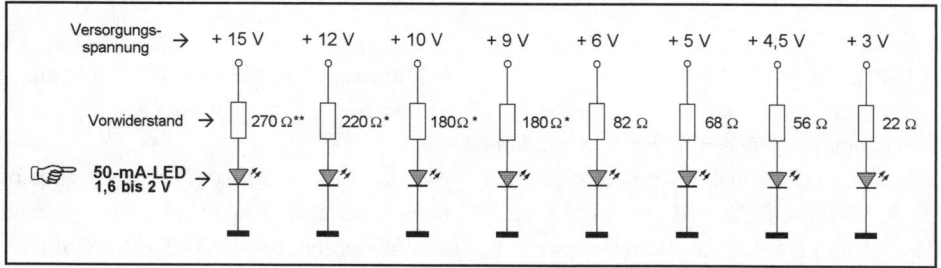

* Vorwiderstand 1/2 Watt;   ** Vorwiderstand 1 Watt (alle anderen Vorwiderstände: 1/4 Watt)

Abb. 2.4 Empfohlene Vorwiderstände für schnelles Experimentieren (achten Sie jedoch bitte darauf, dass die LED laut ihrer technischen Daten für den entsprechenden Strom auch tatsächlich ausgelegt ist); für Wechselstrom-Versorgung darf der hier aufgeführte Ohmsche Wert des Vorwiderstandes um ca. 40 bis 50% verringert werden (die LED muss dann nach *Abb. 2.14* mit einer gegengepolten Schutzdiode überbrückt werden).

2

Die in *Abb. 2.4* aufgeführten Vorwiderstände für die gängigsten LEDs ermöglichen einen schnellen Anschluss der richtigen LED an die „richtige" Spannung. Wenn es sich dabei um eine LED handelt, die nur als Kontrollanzeige dienen soll, können die aufgeführten Widerstandswerte wesentlich höher gewählt werden (man probiert einfach aus, inwiefern ein etwas bescheidenes LED-Licht eventuell noch ausreicht). Handelt es sich dagegen um eine LED, die als „Leuchte" dienen soll, lohnt es sich, sie möglichst genau auf ihren optimalen Betriebsstrom (I_F) einzustellen wird. Wie so etwas gehandhabt wird, erfahren Sie aus dem nun folgenden Kapitel 2.1.

2.1 Probieren, messen oder rechnen?

Bei ultra- oder superhellen LEDs wird im Allgemeinen ein gehobener Wert darauf gelegt, dass sie so kräftig wie nur möglich leuchten. Um dies zu erzielen, muss die Betriebsspannung der LED derartig hoch gewählt (bzw. eingestellt) werden, dass die LED den vom Hersteller empfohlenen Strom (I_F) voll bezieht. Wie bereits angesprochen wurde, sollte dabei die vom Hersteller angegebene Nennleistung der LED nicht überschritten (bzw. *nicht zu gefährlich* überschritten) werden.

Wird bei einer LED die Durchlassspannung U_F (= Betriebsspannung) nur in der Form „von-bis" angegeben, ist bei der optimalen Einstellung der LED einfach nur darauf zu achten, dass weder der typenbezogene Betriebsstrom *(I_F)* noch die typenbezogene maximale Spannung *(max. U_F)* überschritten werden. Werden zwei oder mehrere LEDs in Reihe (in Serie) betrieben, fließt durch beide derselbe Strom „I_F" (dieser fließt natürlich auch durch den Vorwiderstand).

Wir sehen uns an einigen konkreten Beispielen an, wie der optimale Betriebsstrom einer superhellen Leuchtdiode experimentell ermittelt und eingestellt werden kann:

BEISPIEL A /Abb. 2.5/:

Die technischen Daten einer superhellen LED lauten: *I_F 20 mA, U_F typ. 3,6 V, max. 4,0 V*. Wir schließen diese LED nach *Abb. 2.5* an eine 4,5 Volt-Batterie über ein 100 Ω-Einstellpotentiometer an, der auf seinen höchsten Ohmschen Wert (= auf die vollen 100-Ω) eingestellt wird.

In Reihe mit der getesteten LED wird – wie abgebildet – ein Milliamperemeter (Multimeter, Strombereich ≥ 20 mA) angeschlossen.

Nun kann die regelbare Versorgungsspannung langsam und *sehr vorsichtig* gleitend erhöht werden, bis der LED-Strom auf die vorgegebenen **20 mA** ansteigt. Dabei darf in diesem Fall die Versorgungsspannung *(U_F)* das in den technischen Daten aufgeführte Spannungs-Maximum von *4 Volt* nicht überschreiten. Dazu wird es in der Regel nicht kommen, wenn der vorsichtig

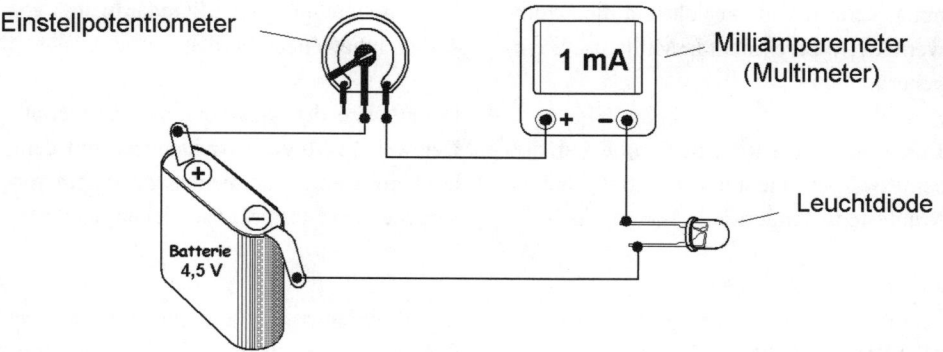

Einstellpotentiometer

1 mA — Milliamperemeter (Multimeter)

Leuchtdiode

Batterie 4,5 V

Abb. 2.5 Mit Hilfe eines Potentiometers kann der Leuchtdioden-Betriebsstrom auf die erforderliche Höhe exakt eingestellt werden

eingestellte LED-Strom nicht über die angegebenen **20 mA (oder besser nur etwa 19,5 mA)** hinausgeht.

Wenn die verwendete Leuchtdiode für einen niedrigeren *Betriebsstrom (I_F)* als **20 mA** oder für eine niedrigere *Betriebsspannung (U_F)* ausgelegt ist, als wir in diesem Beispiel angeben, muss anstelle des 100 Ω-Einstellpotentiometers z. B. ein 220 Ω- oder 470 Ω-Potentiometer genommen werden.

Wie groß der optimale Ohmsche Wert eines solchen Einstellpotentiometers (oder Vorwiderstandes) sein muss, lässt sich spielend leicht ausrechnen. Dafür gibt es eine sehr einfache Formel, die als das *Ohmsche Gesetz* bezeichnet wird:

überschüssige Spannung [V] : LED-Strom I_F [A] = Vorwiderstand [Ω]

Und so geht es weiter:

Erst wird festgestellt, welche „überschüssige" Spannung der Vorwiderstand abfangen soll. Angenommen, wir wollen den *Betriebsstrom (I_F)* einer LED einstellen, die laut ihrer technischen Daten für eine *Betriebsspannung (U_F)* von 2,3 V und einen *Betriebsstrom (I_F)* von **10 mA (= 0,01 A)** ausgelegt ist. Die zur Verfügung stehende 4,5 Volt-Batteriespannung ist in diesem Fall <u>um *2,2 Volt* höher</u> als erwünscht. Diesen Spannungsüberschuss muss der Vorwiderstand (Einstellpotentiometer) abfangen.

Diese „überschüssigen" *2,2 Volt* teilen wir nun nach der vorhergehenden Formel durch den *0,01 A-LED-Betriebsstrom*, um den Widerstand des Einstellpotentiometers zu erhalten:

2,2 V : 0,01 A = 220 Ω

Mit einem Taschenrechner geht so etwas blitzschnell und fehlerfrei. Natürlich müssen wir bei solchen Aufgaben die Span-

2

nungswerte jeweils in Volt und die Strom-werte in Ampere (nicht in Milliampere ein-geben).

Das Einstellpotentiometer sollte bei die-sem Beispiel theoretisch 220 Ω haben. Mindestens. Andernfalls könnte auch der nächsthöhere gängige „Standardwert" von 470 Ω angewendet werden.

Damit wäre der Messvorgang „startbereit". Der weitere Vorgang ist identisch mit dem, der bereits im Zusammenhang mit dem vor-hergehenden Beispiel beschrieben wurde.

BEISPIEL B /Abb. 2.6/:

Anstelle von einer Leuchtdiode wird hier der Betriebsstrom von zwei Leuchtdioden in Reihe eingestellt. Es sollte sich dabei um zwei typengleiche LEDs handeln, aber sie dürfen unterschiedliche Farben – und somit evtl. auch unterschiedliche *Betriebsspan-nungen* – haben, müssen jedoch für densel-ben *Betriebsstrom (I_F)* ausgelegt sein.

Die Anzahl der LEDs hat auf die Höhe des *Betriebsstromes (I_F)* keinen Einfluss. Wenn es sich z. B. um LEDs handelt, die „pro LED" einen *Betriebsstrom* von 20 mA benötigen, fließt auch durch eine be-liebig lange Kette von seriell verbundenen LEDs nur ein Strom von 20 mA (zumin-dest ungefähr, aber so haargenau wird ein „normales" Multimeter bei so einer expe-rimentellen Schaltung ohnehin nicht mes-sen…).

Die einzelnen *Betriebsspannungen* der zwei LEDs addieren sich. Beträgt bei-spielsweise die *(U_F)* der einen LED *1,7 V* und der anderen *2,1 V*, beträgt die *Be-triebsspannung* des LED-Duos (*aus Abb. 2.6*) insgesamt *3,8 V* (*1,7 V + 2,1 V = 3,8 V*).

Ansonsten ändert sich hier an dem Vor-gang bei der Einstellung des LED-Stromes im Vergleich zu dem Beispiel A nichts.

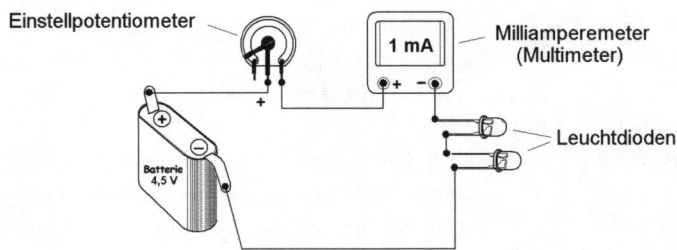

Einstellpotentiometer

1 mA

Milliamperemeter (Multimeter)

Batterie 4,5 V

Leuchtdioden

Abb. 2.6 Stromeinstel-lung an zwei in Reihe geschalteten Leucht-dioden

42

2

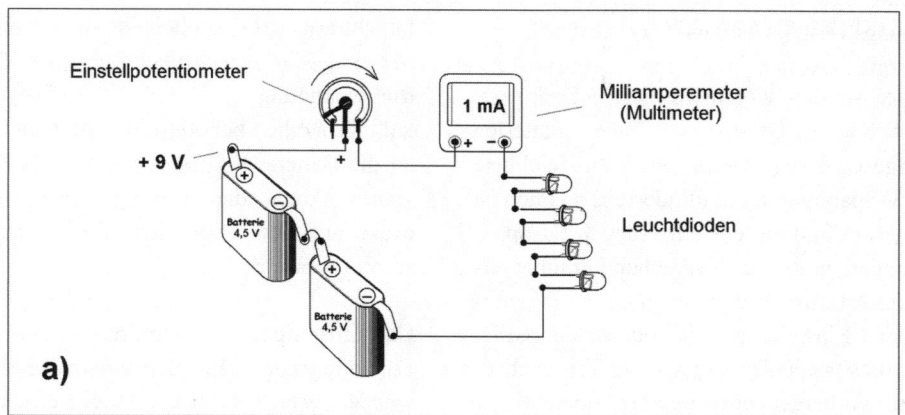

a)

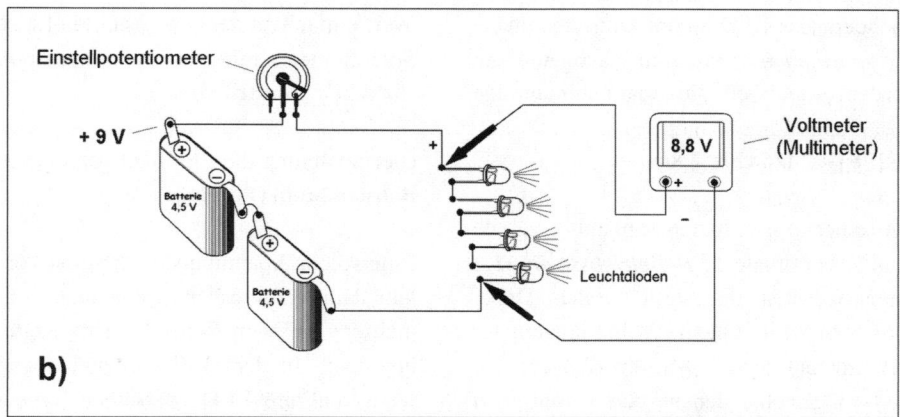

b)

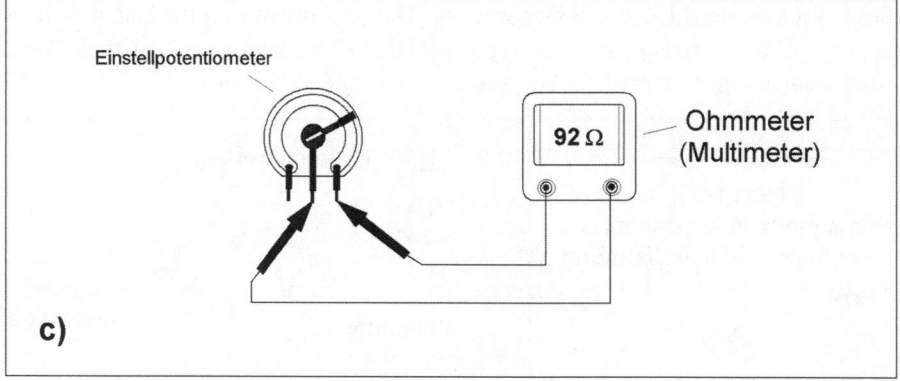

c)

Abb. 2.7 Stromeinstellung einer Leuchtdioden-Kette

2

BEISPIEL C /Abb. 2.7/:

Hier werden vier in Reihe (in Serie) geschaltete LEDs an zwei flache Batterien angeschlossen. Wenn die eingezeichnete 9 V-Spannung nicht mindestens so hoch ist wie die Summe der einzelnen LED-Spannungen, muss sie entsprechend erhöht werden. Ansonsten ändert sich an der eigentlichen Einstellung des optimalen LED-Stroms (*nach Abb. 2.7a*) – im Vergleich zu dem vorhergehenden Beispiel – nichts.

Nachdem der LED-Strom eingestellt wurde, kann *nach Abb. 2.7b* nachgemessen werden, wie hoch die Spannung an den Leuchtdioden tatsächlich ist. Eine solche Messung klärt uns darüber auf, welche Betriebsspannung ein solches „LED-Quartett" tatsächlich benötigt. Möchte man später die Batterie z. B. durch ein Netzteil ersetzen, kann die Versorgungsspannung exakt auf den ermittelten Bedarf abgestimmt werden.

Das Einstellpotentiometer, das wir bei der Einstellung des LED-Betriebsstromes verwenden, wird anschließend meist durch einen Vorwiderstand ersetzt, dessen exakter Wert einfach an dem eingestellten Einstellpotentiometer mit einem Ohmmeter *nach Abb. 2.7c* ermittelt wird.

BEISPIEL D /Abb. 2.8/:

Mit einer einstellbaren Spannungsquelle kann der optimale ***LED-Betriebsstrom (I_F)*** am einfachsten eingestellt werden. Dabei wird erst mit einem Milliamperemeter (Multimeter) der LED-Strom (I_F) auf den Wert eingestellt, der in den technischen Daten der LED angegeben ist, anschließend kann an der LED die tatsächliche Spannung (*Durchlassspannung*) nachgemessen werden, um festzustellen, bei welcher Spannung die LED den vorgegebenen Betriebsstrom (I_F) bezieht.

Eine solche Spannungsmessung ist vor allem dann erforderlich, wenn man vorhat, mehrere LEDs in Reihe als eine Kette zu betreiben. In dem Fall sollten jedoch jeweils mehrere LEDs derselben Type gemessen werden, um einen brauchbaren Durchschnittswert zu erhalten (oder evtl. alle LEDs nachmessen und bei Bedarf vorselektieren).

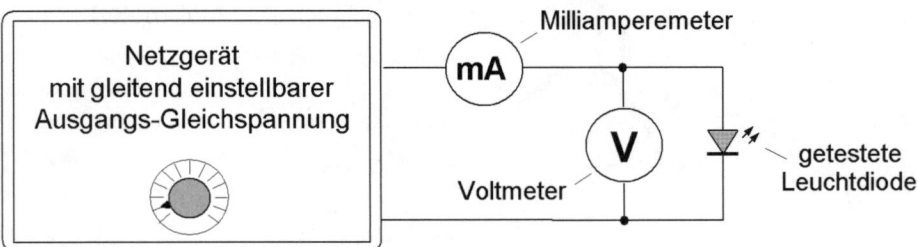

Abb. 2.8 Leuchtdioden-Stromeinstellung mit Hilfe einer regelbaren Spannungsquelle

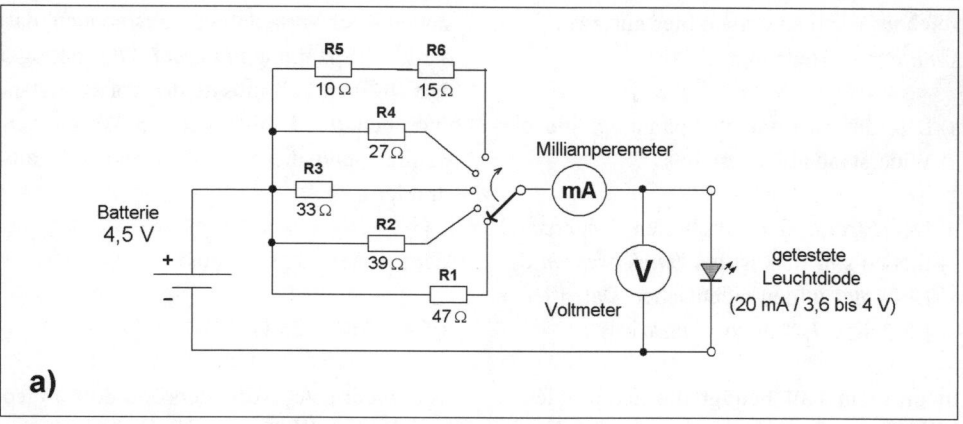

a)

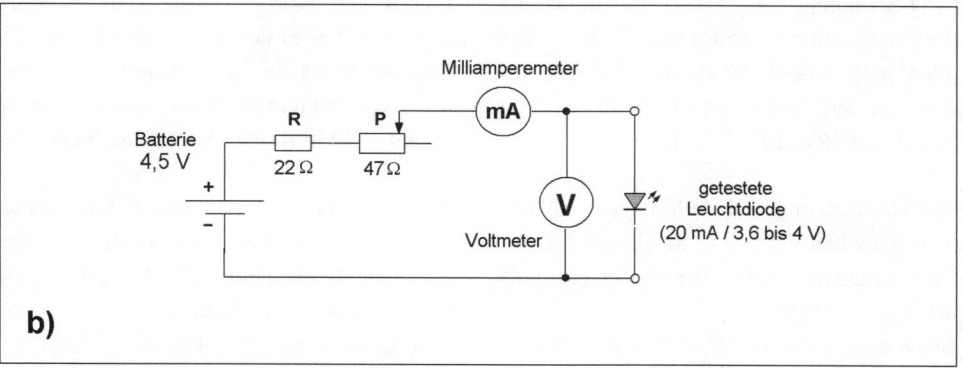

b)

Abb. 2.9 Einstellen des LED-Betriebsstroms und Messen der LED-Betriebsspannung: a) mit Hilfe von umschaltbaren Vorwiderständen; b) mit Hilfe eines Einstellpotentiometers mit Vorwiderstand

BEISPIEL E /Abb. 2.9/:

Steht für diese Messung keine einstellbare Spannungsquelle zur Verfügung, kann für dasselbe Anliegen z. B. eine flache 4,5 V-Batterie verwendet werden und die optimale Einstellung des LED-Stroms kann mit Hilfe von einigen 1/4 Watt-Widerständen (*nach Abb. 2.9a*) oder mit einem Einstellpotentiometer (*nach Abb. 2.9b*) vorgenommen werden.

Bei dieser Lösung muss jedoch erst ausgerechnet werden, welcher Vorwiderstand für die empfohlene *Leuchtdioden-Betriebsspannung (U_F bzw. „U_F typ.")* theoretisch erforderlich ist. Wir wenden in diesem Beispiel eine Leuchtdiode an, deren *Betriebsspannung* im Katalog mit *3,6 bis 4 V* und Betriebsstrom mit *20 mA* angegeben wurden.

Für die Berechnung dieses Vorwiderstandes (der oft auch als *Reihenwiderstand* be-

2

zeichnet wird) sind auch hier nur zwei „*Bekannte*" von Bedeutung:

a) Die „überschüssige" Spannung, die der Widerstand abfangen muss.

b) Der Strom, der durch den Widerstand fließen soll (das ist der *Betriebsstrom* der LED, der in den technischen Daten jeder LED als „ I_F " angegeben wird).

In unserem Fall beträgt die „empfohlene" LED-Spannung („U_F *typ.*") nur **3,6 V**, die Batteriespannung beträgt **4,5 V**. Das sind **0,9 V** mehr. Diese **0,9 V** müsste ein Vorwiderstand auffangen, wenn durch ihn ein Strom von **20 mA (= 0,02 A)** fließt.

Die Umrechnung von *Milliampere* in *Ampere* brauchen wir – wie bereits an anderer Stelle erläutert wurde – wegen der ebenfalls bekannten Formel:
Spannung [V] : Strom [A] = Widerstand [Ω]

Wir setzen nun unsere Werte ein:
0,9 V : 0,02 A = 45 Ω

Unter den handelsüblichen Festwiderständen gibt es zwar keine 45-Ohm-, wohl aber 47 Ω- oder 39 Ω-Ausführungen. Auch gut. Vorsichtshalber fangen wir erst mit dem „höheren" 47 Ω-Widerstand an und können dann nach *Abb. 2.4a* einige weitere Widerstände einsetzen, auf die wir experimentell umschalten können, wenn der LED-Strom bei dem 47 Ω-Vorwiderstand noch nicht den optimalen Wert von 20 mA erreicht.

Wie weit wir dabei mit noch niedrigeren Widerständen experimentieren dürften, lässt sich aus der Vorbedingung ausrechnen, dass die LED-Spannung **maximal 4,0 V** betragen darf. In dem Fall müsste der Vorwiderstand nur noch **0,5 V** abfangen (in Wärme umwandeln und diese in die Umgebung ausstrahlen).

Wir rechnen es gleich aus:

0,5 V : 0,02 = 25 Ω

Der „niedrigste" Vorwiderstand dürfte theoretisch den Wert von 25 Ω nicht unterschreiten. Da es keine handelsüblichen 25-Ohm-Widerstände gibt, behelfen wir uns mit zwei „gängigen" Widerständen von 10 Ω und 15 Ω in Reihe (das ergibt 25 Ω).

Nun könnten wir mit einem Umschalter nach *Abb. 2.4a* nach und nach von dem höchsten Widerstand (*47 Ω*) in Richtung zu dem niedrigsten Widerstand (*25 Ω*) vorsichtig so lange „herabschalten", bis der LED-Strom die optimalen 20 mA erreicht. Dabei sollte jedoch gestoppt werden, falls die LED-Spannung die 4 Volt zu überschreiten droht (was nur ausnahmsweise vorkommen dürfte).

In der Praxis werden die meisten von uns auf den in *Abb. 2.4a* eingezeichneten Umschalter verzichten und die Vorwiderstände einfach nach und nach nur einlöten. Bei etwas Glück – bzw. bei „vorselektierten" Leuchtdioden – werden die kleineren Widerstände (von 33 Ω abwärts) gar nicht benötigt.

Als eine „technisch elegantere" Alternative zu der Lösung nach *Abb. 2.4a* bietet sich die

2

Anwendung eines Einstellpotentiometers (**P**) nach *Abb. 2.4b.* Hier sollte jedoch darauf geachtet werden, dass am Anfang der Messung das Einstellpotentiometer (**P**) auf seinen höchsten Wert eingestellt (und nicht kurzgeschlossen) ist. Der eingezeichnete Vorwiderstand **R** dient als ein Schutz für den Fall, dass die LED nicht auf Anhieb vernichtet wird, falls das Einstellpotentiometer am Anfang einer Messung versehentlich auf einen zu niedrigen Ohmschen Wert eingestellt wurde.

Nach diesem Beispiel, das mehrere Möglichkeiten der optimalen Einstellung der LED-Spannung zeigt, kann im Prinzip jede Leuchtdiode dazu gebracht werden, dass sie sozusagen ihr Bestes gibt, ohne daran zu Grunde zu gehen. Dabei ist vor allem bei superhellen Leistungs-Leuchtdioden zu berücksichtigen, dass schon kleine Abweichungen von der vorgegebenen Versorgungsspannung ziemlich große Abweichungen beim LED-Betriebsstrom verursachen können.

Was darunter konkret zu verstehen ist, zeigen die zwei Luxeon-„Firmengrafiken" in *Abb. 2.10,* die u.a. für die 1 Watt-Luxeon-LEDs zutreffen.

Aus diesen zwei Grafiken ist ersichtlich, dass die Leuchtdioden schon auf eine geringe Veränderung der Versorgungsspannung mit einer großen Veränderung des bezogenen Betriebsstroms reagieren. Die InGaN-LEDs aus der rechts abgebildeten Grafik reagieren dabei auf kleinere Veränderungen

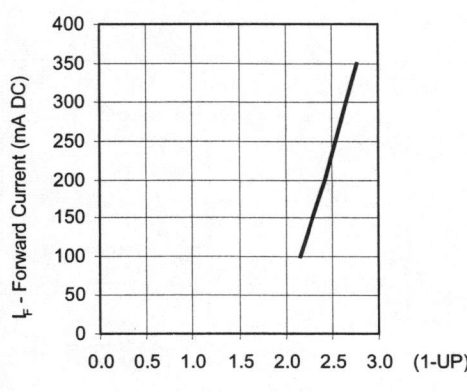

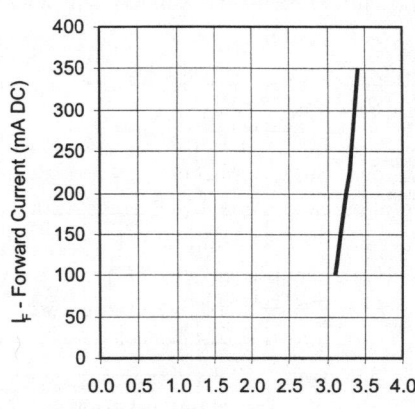

Abb. 2.10 Grafische Darstellung des von der LED bezogenen Stroms in Abhängigkeit von der Betriebsspannung; links: AlInGaP-LEDs (rot, rot-orange und amber); rechts: InGaN-LEDs (grün, cyan, blau und weiß)

47

2

der Versorgungsspannung auffallend empfindlicher als die AlInGaP-LEDs in der Grafik links.

Gut zu wissen, dass es bei den LEDs im Allgemeinen eine derartig kritische Abhängigkeit des Betriebsstroms von der Versorgungsspannung gibt (bei Glühlampen braucht man sich mit solchen „Feinheiten" nicht auseinander zu setzen). Wir wissen inzwischen, dass eine LED bei Überschreitung des Betriebsstroms vernichtet werden kann, und dass andererseits die LED wiederum zu schwach leuchtet, wenn der Betriebsstrom zu sehr unterschritten wird. Was man sich unter dem Begriff „zu sehr" vorstellen dürfte, zeigt informativ die Grafik in *Abb. 2.11.*

Wenn wir bei dieser Grafik als Ausgangspunkt die „Schnittstelle" zwischen der Lichtintensität **„1"** *(senkrechte Achse)* und dem Betriebsstrom von **350 mA** *(waagerechte Achse)* nehmen, können wir leicht

nachvollziehen, wie sich der sinkende LED-Strom auf die Lichtintensität auswirkt. Beruhigend ist, dass ein etwas niedrigerer LED-Strom keinen allzu schlimmen Rückgang der Lichtintensität zufolge hat: Wird z. B. der LED-Strom um ca. 10% *(von 350 auf*

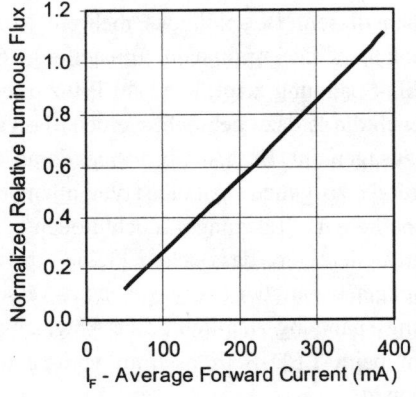

Abb. 2.11 Abhängigkeit der LED-Leuchtkraft von dem bezogenen LED-Strom „I_F" (Herstellergrafik)

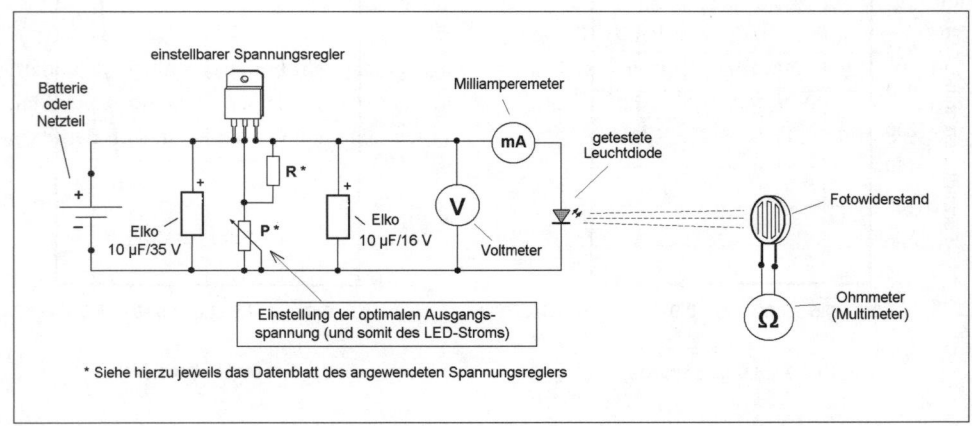

Abb. 2.12 Nachbauleichte Schaltung einer Selbstbau-Spannungsregelung für den Leuchtdioden-Helligkeitstest

315 mA) verringert, sinkt die Lichtintensität **nur** um ca. 9% (von 1,0 auf ca. 0,91). Eine derartige Einbuße der Lichtintensität nehmen unsere Augen gar nicht wahr.

Das ist beruhigend, denn es empfiehlt sich, den Strom einer LED im Dauerbetrieb um ca. 5 bis 10% unterhalb des vom Hersteller angegebenen Betriebsstroms „I_F" einzustellen. Dabei ist selbstverständlich auch mit zu berücksichtigen, dass die meisten „einfacheren" Hobby-Messgeräte vor allem im Strombereich zwischen ca. 300 mA und 1 A oft Messfehler überhalb von 5% aufweisen.

Es bleibt dabei in Ihrem Ermessen, ob Sie aus der einen oder anderen Leuchtdiode wirklich die höchstmögliche Lichtleistung herausholen möchten, oder ob Sie sich mit einer etwas schonenderen Lichtausbeute zufrieden geben.

Darunter ist zu verstehen, dass viele Leuchtdioden in der Praxis mit *annähernd* voller Intensität schon dann leuchten, wenn ihre Stromabnahme ca. 10% unterhalb „I_F" liegt. Eine anwendungsbezogen vernünftige Grenze lässt sich am besten experimentell auf die Weise ermitteln, dass bei der Einstellung des

„I_F" gleichzeitig die Abhängigkeit der Lichtstärken-Veränderung nach *Abb. 2.12* z. B. mit Hilfe eines Fotowiderstandes gemessen wird (siehe hierzu auch Kap. 1.1).

Um die Messung nicht in einem finsteren Raum durchführen zu müssen, können die Leuchtdiode und der Fotowiderstand in einem abgedunkelten Rohr (u.a. Küchen- oder Toilettenpapier-Rolle) nach *Abb. 2.13* provisorisch eingebaut werden.

Eine zusätzliche Lichtstärken-Messung, sowie auch die damit verbundene Einstellung der optimalen LED-Spannung dürfte bei Leuchtdioden entfallen, deren Spannung „U_F" und Strom „I_F" vom Hersteller exakt definiert werden – was vor allem bei teureren superhellen Leuchtdioden der Fall ist. Dennoch empfiehlt sich hier eine informative Messung des tatsächlichen Diodenstroms vor allem dann, wenn mehrere solcher Dioden in Reihe bzw. in mehreren seriell/parallel verschalteten Reihen betrieben werden sollen.

Werden Leuchtdioden (egal ob Standard- oder superhelle Typen) nur als Kontrollanzeigen angewendet, darf man sich damit zu-

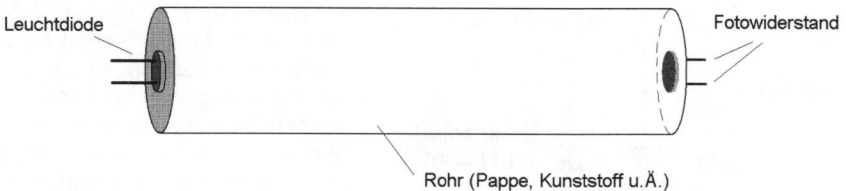

Abb. 2.13 Die Lichtstärke-Messung kann in einem *nicht* abgedunkelten Raum vorgenommen werden, wenn die getestete LED und der Mess-Fotowiderstand in einer lichtundurchlässigen Papprolle eingebaut (bzw. eingesteckt) werden

frieden geben, dass sie einfach ausreichend sichtbar leuchten. In dem Fall genügt es, wenn z. B. der Ohmsche Wert des optimalen Vorwiderstandes (Reihenwiderstandes) den Tabellen aus *Abb. 2.4* entnommen wird. Genau genommen können die hier angegebenen Ohmschen Werte der Widerstände auch ziemlich überschritten werden, soweit die Leuchtdiode noch zufriedenstellend sichtbar leuchtet und somit die Funktion einer optischen Anzeige erfüllt (was nur vom subjektiven Ermessen des Anwenders abhängt).

Obwohl eine Leuchtdiode nur dann perfekt leuchtet, wenn sie an einen geglätteten Gleichstrom angeschlossen wird, gibt sie sich notfalls auch mit Wechselstrom zufrieden. Allerdings um den Preis, dass sie dann eventuell etwas schwächer leuchtet, da sie nur die positive Hälften der Wechselstrom-Halbwellen verwerten kann.

Ein kräftigeres Licht wird bei Bedarf durch die Erhöhung der Wechselspannung (u.a. durch Senkung des Ohmschen Wertes des LED-Vorwiderstandes) erzielt. Dadurch, dass die an eine Wechselspannung angeschlosse-

ne LED jeweils nur Spannungsimpulse erhält, zwischen denen „Erholungspausen" sind, verkraftet sie etwas höhere Spannungs- und Stromspitzen. Manche Hersteller empfehlen, dass der LED-Vorwiderstand, der für Gleichspannungs-Versorgung ermittelt wurde, beim Anschluss der LED an gleich hohe Wechselspannung halbiert werden kann bzw. *fast halbiert* werden darf.

Zudem ist es erforderlich, dass bei einer Wechselspannungs-Versorgung die Leuchtdiode mit einer „gegengepolten" Schutzdiode nach *Abb. 2.14* überbrückt wird. Sie schützt die Diode vor „lebensbedrohlich" hohen negativen Spannungsimpulsen in der „Gegenrichtung". Diese Spannungsimpulse sind für die LED vor allem dann gefährlich, wenn die Quellen-Wechselspannung relativ hoch ist. Da der Vorwiderstand in der „Gegenrichtung" unbelastet ist, fängt er die Differenzspannung nicht auf und lässt zu der Diode eine zu hohe Spannung *(Quellenspannung x 1,41)* durch. Typenabhängig kann dabei so manche LED vernichtet werden, wie wir bereits im Zusammenhang mit einer falsch gepolten LED *(Abb. 2.3)* erklärt haben.

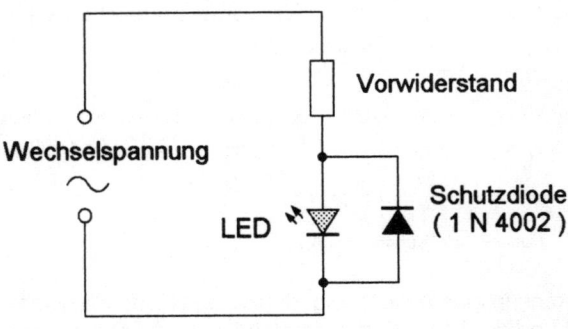

Wechselspannung — **Vorwiderstand** — **LED** — **Schutzdiode (1 N 4002)**

Abb. 2.14 Wird eine LED an eine Wechselspannung angeschlossen, darf der Ohmsche Wert des rechnerisch ermittelten Vorwiderstandes um ca. 40% kleiner gewählt werden als bei einer Gleichspannungs-Versorgung und die LED sollte zudem mit einer in Gegenrichtung gepolten Schutzdiode (Siliziumdiode) gegen die negativen Spannungs-Halbwellen geschützt werden

2.2 Die Nennleistung des Vorwiderstandes

Wie schon erwähnt wurde, fängt der Vorwiderstand (Reihenwiderstand) die überflüssige Spannung – und somit auch die entsprechende Leistung – auf, und wandelt sie in der Form von Wärme um. Er funktioniert deshalb als ein kleiner Heizkörper und muss daher auch imstande sein, die ihm zugemutete Leistung zu verkraften.

Selbstverständlich streben wir bei der Leuchtdioden-Spannungsversorgung an, dass die Spannung der „Quelle" (der Batterie oder des Netzgerätes) bevorzugt nicht höher – oder zumindest *nicht viel höher* – ist, als die LED laut ihrer technischen Daten (als „U_F") benötigt. Nicht immer steht jedoch eine Spannungsquelle mit der exakten Versorgungsspannung zur Verfügung. Da kommt dann als die einfachste Hilfe ein zusätzlicher Vorwiderstand als spannungsreduzierendes Bauteil zum Einsatz.

Der Spannungsverlust, der in diesem Widerstand entsteht, ist gleichzeitig ein Verlust an elektrischer Leistung. Je höher der unerwünschte Spannungsunterschied ist, den der Widerstand abfangen und als Wärme an seine Umgebung ausstrahlen muss, umso höher ist proportional der Anteil der „verschenkten" Energie. Aus dem Grund ist es erstrebenswert, dass vor allem bei Leuchtdioden mit höherem Stromverbrauch dieser vermeidliche Energieverlust auf ein machbares Minimum beschränkt wird.

Für die elektrische Leistung, die so ein Widerstand in Wärme umwandeln muss, ist nur der **Strom** bestimmend, der durch ihn (und durch die Leuchtdiode) fließt und sein **Ohmscher Wert**.

Aus dem Strom, der durch den Widerstand fließt, und dem Ohmschen Wert dieses Widerstandes ergibt sich die *Verlustspannung*, die der Widerstand abfängt – bzw. voraussichtlich abzufangen hätte, um eine zu hohe (zur Verfügung stehende) Spannung entsprechend zu reduzieren. Die eigentliche Berechnung (laut des Ohmschen Gesetzes) kennen wir bereits aus Kap. 2.1:

Widerstand [Ω] = Spannung [V] : Strom [A]

Bei dieser Berechnung wird in die Formel die „überflüssige" **Spannung** *[in Volt]* eingesetzt, die der Vorwiderstand aufzufangen hat und der **Strom** *[in Ampere],* der durch den Widerstand und somit auch durch die LED als „I_F" fließen soll. So erhalten wir den erforderlichen Ohmschen Wert des Vorwiderstandes. Bleibt noch die Frage offen, für welche Leistung der erforderliche Vorwiderstand ausgelegt sein müsste.

Wir erläutern den Vorgang mit Hilfe eines einfachen Beispiels:

Eine superhelle LED (Type Luxeon) ist laut Katalog für eine Betriebsspannung U_F von **3,42 V** und einen Betriebsstrom I_F von 350 mA (= **0,35 A**) ausgelegt. Sie soll nach *Abb. 2.13a* an eine **5 Volt-Spannungsquelle** (stabilisiertes Netzgerät) über einen Vorwiderstand angeschlossen werden.

2

2

Der Spannungsunterschied, den der Vorwiderstand abzufangen hat, beträgt **1,58 V** (5 V – 3,42 V = 1,58 V). Durch den Vorwiderstand wird (als I_F) ein Strom von **0,35 A** fließen.

Wir rechnen nun den Ohmschen Wert des Vorwiderstandes aus:

1,58 V : 0,35 A = 4,43 Ω

Die Leistung des Vorwiderstandes *(als Spannung x Strom)* beträgt:

1,58 V x 0,35 A = 0,55 W (Watt)

Hier käme also in der Praxis ein 1 Watt-Vorwiderstand zum Einsatz. Allerdings gibt es keine handelsüblichen 4,43 Ω-, sondern entweder 3,9 Ω- oder 4,7 Ω-Widerstände. Zwei parallel verbundene Widerstände von 4,7 Ω und 68 Ω *(nach Abb. 2.13b)* ergeben einen theoretischen Endwiderstand von 4,4 Ω.

Da sich der von der LED bezogene Strom unter die zwei Widerstände in *Abb. 2.13b*

Bemerkung: Zwei parallel verbundene Widerstände ergeben einen Endwiderstand nach der Formel:

(R1 x R2) : (R1 + R2)

im umgekehrten Verhältnis zu dem Ohmschen Wert verteilt, fließt durch den **R1** ein Strom, der deutlich unterhalb von 10% des **R2** liegt. Ohne weiterhin zu rechnen, können wir hier einfach abschätzen, dass daher der 68 Ω-Widerstand nur eine Leistung von weniger als 0,05 Watt verkraften muss. Ein 0,1 Watt-Widerstand würde hier ausreichen. Der Widerstand **R2** wird von dem Widerstand **R1** nur geringfügig entlastet und sollte daher für eine 1 Watt-Leistung (oder auch beliebig mehr) ausgelegt sein.

Wäre noch darauf hinzuweisen, dass die Leistung eines Widerstandes alternativ nach der Formel

P = I² x R

ausgerechnet werden kann.

„I" ist der Strom (in Ampere), der durch den Widerstand fließt (in unserem Fall der LED-Strom „I_F").

„R" ist der Ohmsche Widerstand des „Vorwiderstandes".

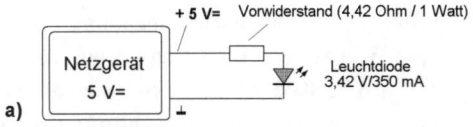 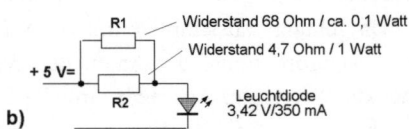

Abb. 2.15 Anschluss einer 3,42 V-/0,35 A-LED an eine 5 V-Spannungsquelle: a) theoretisch; b) praktisch (siehe Beschreibung)

2.3 Spannungsreduktion mit Dioden

Anstelle von einem Vorwiderstand (bzw. „Reihenwiderstand") kann die Betriebsspannung für die LED einfach auch mit Hilfe von Dioden auf den erforderlichen Wert reduziert werden. Geeignet sind zu diesem Zweck prinzipiell alle Siliziumdioden, Germaniumdioden, Schottky-Dioden und Zenerdioden.

Sie fungieren gewissermaßen ähnlich wie ein Vorwiderstand, aber der Spannungsverlust, der an ihnen entsteht, wird nur relativ gering von dem Strom beeinflusst, der durch sie fließt.

Wir erklären uns die praktischen Anwendungsmöglichkeiten einfachheitshalber an konkreten Beispielen: Wird eine **Siliziumdiode** (Gleichrichterdiode) nach *Abb. 2.16a* einer LED vorgeschaltet, entsteht an ihr (abhängig von der Type und der jeweiligen Belastung) ein „*Sperrspannungs-Verlust*"

von etwa 0,7 bis 1 V. Dieser Verlust kann jeweils direkt an der Diode gemessen werden.

Die „*Sperrspannung*" der meisten **Schottky-Dioden** beträgt nur ca. 0,28 bis 0,3 V (wie *Abb. 2.16b* zeigt). Damit eignen sich diese Spezialdioden vor allem dort, wo die Versorgungsspannung nur geringfügig (bzw. zusätzlich noch gering) reduziert werden soll. Auch hier ist eine Kontrollmessung erforderlich.

Nebenbei: Ähnlich, wie bei den Schottky-Dioden beträgt auch bei **Germaniumdioden** die Sperrspannung nur ca. 0,3 Volt. Hier können evtl. noch alte Restposten-Germaniumdioden ihr „Come-back" finden.

Zenerdioden fangen einfach die Spannung (Zenerspannung) ab, für die sie ausgelegt sind. So entsteht z. B. an einer Zenerdiode der Type *ZPY 3,9 V* eine Verlustspannung von ca. 3,9 Volt usw. Allerdings ganz haargenau klappt es – der Toleranzabweichun-

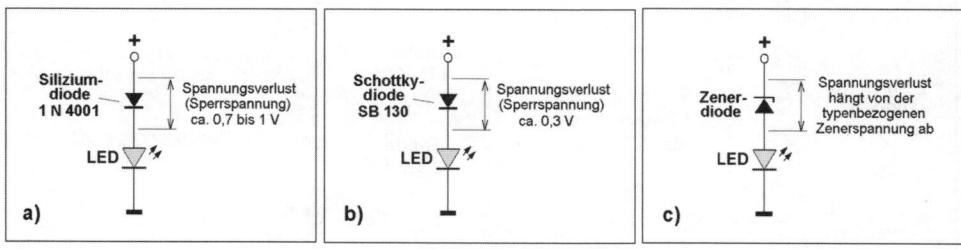

Abb. 2.16 Mit Hilfe von zusätzlichen Dioden, die in Reihe mit der LED (bzw. LED-Kette) angeschlossen werden, kann die Quellenspannung (eines Netzgerätes oder einer Batterie) auf die erforderliche Betriebsspannung UF der LED reduziert werden: a) Anwendungsbeispiel mit einer Silizium-Diode; b) Anwendungsbeispiel mit einer Schottky-Diode; c), d) Anwendungsbeispiele mit Zenerdioden (sie werden – im Vergleich zu anderen Dioden – „gegengepolt" eingelötet)

2

gen wegen – meist nicht, und daher ist auch hier evtl. ein Kontrollmessen an den Diodenanschlüssen angesagt.

Bei dieser Art der Spannungsregelung spielt es keine Rolle, ob die Diode (bzw. Dioden) vor, nach oder zwischen den LEDs im Schaltkreis eingelötet werden. Wichtig ist allerdings, dass die Diode – ähnlich wie ein Vorwiderstand – die Leistung verkraftet, die sie in Wärme umwandeln muss. Für stärkere Leistungen (bzw. höhere Stromabnahmen) bieten Siliziumdioden die kostengünstigste Lösung.

Im Zusammenhang mit weiteren Beispielen (bzw. Bauanleitungen) kommen wir noch auf diverse praxisbezogene Anwendungen zurück.

2.4 Netzgeräte & Netzteile

Unter dem Begriff *Netzgerät* versteht man ein kompaktes „Fertiggerät" im Gehäuse. Es kann sich dabei auch nur um ein kleines Steckergehäuse handeln, das wir von diversen Mini-Ladegeräten kennen, die u.a. als Zubehör von diversen Akkuwerkzeugen erhältlich sind. Die Bezeichnung *Netzteil* bezieht sich dagegen nur auf die Funktion und wird meist dann angewendet, wenn eine solche „Spannungsquelle" nur als ein „kahler" Bestandteil einer Schaltung beschrieben wird.

Ein *Netzteil* wird zu einem *Netzgerät* befördert, in dem es ein selbstständiges Gehäuse erhält. Ansonsten gibt es zwischen Netzgeräten und Netzteilen keinen Unterschied.

Handelsübliche Netzgeräte sind in drei Grundausführungen erhältlich:

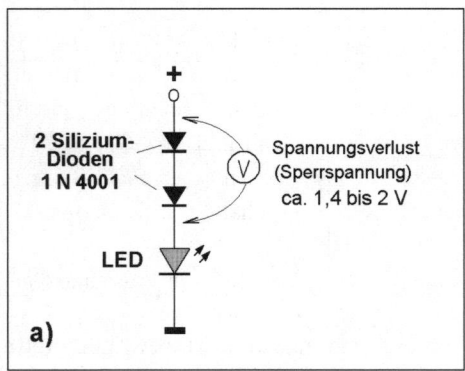

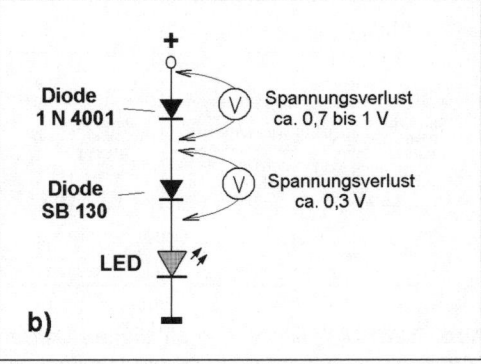

Abb. 2.17 Der tatsächliche Spannungsverlust, der an einer Diode als ihre *„Sperrspannung"* entsteht, kann bei Bedarf direkt an den Anschlüssen der Dioden gemessen werden: a) Spannungsverlust global gemessen; b) Spannungsverlust „pro Diode" ermittelt

2

a) als Wechselspannungs-Netzgeräte

b) als nicht stabilisierte Gleichspannungs-Netzgeräte

c) als stabilisierte Gleichspannungs-Netzgeräte

Unter den handelsüblichen stabilisierten Gleichspannungs-Netzgeräten befinden sich als eine „moderne Version der konventionellen Netzgeräte" die so genannten *getakteten Netzgeräte*. Bei diesen Netzgeräten wird die Wechselspannung „hochgetaktet" (z. B. zu einer Spannungsfrequenz von 100 kHz), die sich (im Gerät) mit einem höheren Wirkungsgrad transformieren lässt.

Dieser Trick setzt allerdings ein etwas aufwendigeres und somit kostspieligeres „Geräte-Innenleben" voraus. Der damit verbundene „zu hohe" Preis kompensiert die tatsächliche Energieeinsparung bei kleineren Geräten nur dürftig und zahlt sich daher im Prinzip nur beim Dauerbetrieb einigermaßen aus.

In der Praxis wird man bei der Arbeit mit Leuchtdioden – und vor allem mit „Highpower-LEDs" – damit konfrontiert, dass es oft sehr schwierig ist, ein passendes handelsübliches Netzgerät ausfindig zu machen, dass sowohl die erwünschte LED-Betriebsspannung *(U$_F$)* als auch den benötigten LED-Betriebsstrom *(I$_F$)* maßgerecht liefern kann. Für experimentelle Zwecke ist das Problem meist nicht allzu groß, denn hier darf auch in Kauf genommen werden, wenn so ein Netzgerät kräftig überdimensioniert ist.

Bei der Stromversorgung von spezielleren Leuchtdioden-Anwendungen, die für einen evtl. langjährigen Dauerbetrieb vorgesehen sind, ist es erforderlich, dass das Netzgerät (bzw. das Netzteil) möglichst energiesparend arbeitet. Es soll weder für eine unnötig hohe Leistung noch für eine unnötig hohe Spannung ausgelegt sein.

Für die Betriebsspannungen und den Strombedarf der meisten super- oder ultrahellen Leuchtdioden gibt es jedoch – bis auf seltene Ausnahmen – keine exakt passenden handelsüblichen Netzgeräte bzw. Netzteile. Hier kann ein Selbstbau-Netzgerät bzw. Selbstbau-Netzteil schnell und effizient das Problem lösen. Für größere Leistungen kann zudem ein Selbstbau-Netzgerät unnötige Kosten – und oft sogar eine vergebliche Suche nach einem passenden Fertigprodukt – ersparen.

Wir sehen uns aber trotzdem erst näher an, was sich mit kleineren (preiswerten) handelsüblichen Netzgeräten machen lässt, um aus ihnen die erforderliche LED-Betriebsspannung (**U$_F$**) beziehen zu können.

Wir fangen mit kleinen *stabilisierten* Stecker-Netzgeräten an, die über mehrere umschaltbare Ausgangsspannungen verfügen: Sie eignen sich gut für vielseitige Experimente, bei denen u.a. auch mehrere LEDs in Reihe geschaltet werden können.

Viele dieser Geräte sind für Ausgangsspannungen ausgelegt, die zwischen ca. 1,5 V und 12 V liegen. Die Ausgangsspannung kann dann z. B. in Stufen von 1,5 V • 3 V • 4,5 V • 6 V • 7,5 V • 9 V und 12 V geschaltet werden. Der maximale Ausgangsstrom liegt typenabhängig zwischen ca. 500 mA und 2 A.

2

Wir sehen uns wieder anhand von konkreten Beispielen an, wie die zur Verfügung stehende Ausgangsspannung des Netzgerätes auf die erforderliche Betriebsspannung der LEDs am besten reduziert werden kann.

Bei der Lösung nach *Abb. 2.18a* wäre es für einen Dauerbetrieb theoretisch erstrebenswert, dass man aus mehreren Siliziumdioden diejenige aussucht, an der ein Spannungsverlust von 0,9 V entsteht (was nachgemessen werden kann). Allerdings sollte dabei der LED-Strom ca. 47 bis 50 mA betragen – was bei der einen oder anderen LED evtl. eine etwas höhere Betriebsspannung als die 3,6 V erfordern wird. Sie darf jedoch die 4 Volt nicht überschreiten, wenn diese in den technischen Daten als „Betriebsspannungs-Maximum" ($U_{F\ max.}$) aufgeführt sind. Auch das lässt sich jeweils schnell nachmessen – worauf nicht verzichtet werden sollte.

Die superhelle 1-Watt-Leuchtdiode *(Luxeon Emitter)* in *Abb. 2.18b* benötigt theoretisch eine Betriebsspannung, die nur bescheidene 0,15 V unterhalb der offiziellen stabilisierten 3-Volt-Spannung des Netzgerätes liegt. Die hier aufgeführte Lösung, bei der an den drei parallel verbundenen Widerständen ein Spannungsverlust von ca. 0,15 V entsteht, wird in der Praxis kaum erforderlich – bzw. kaum so genau erforderlich – sein. Diese Leuchtdiode darf laut technischer Daten einen pulsierenden Strom von stolzen 500 mA beziehen. Falls sie eventuell als Blinker verwendet wird, verursacht eine Erhöhung der optimalen Betriebsspannung von 2,85 V auf 3 V nur einen geringfügigen Stromanstieg,

den sie in dem Fall problemlos verkraftet (da nach jedem Aufleuchten eine „Abkühlpause" folgt). Andererseits wärmt sich diese Diode – bzw. ihr Kühlkörper – bei einem Dauerbetrieb etwas auf und daher lohnt es sich, dass man sie nicht unnötig überstrapaziert (ansonsten verkürzt sich ihre Lebenserwartung).

Ähnlich, wie bei dem vorhergehenden Beispiel wird auch bei der Lösung in *Abb. 2.18c* die optimale Betriebsspannung der Leuchtdiode experimentell so eingestellt, dass durch sie möglichst exakt der vorgegebene Strom von 350 mA fließt. Die tatsächliche Betriebsspannung (die an den Anschlüssen der Dioden nachgemessen wird) kann durch experimentelle Vorselektion der passenden Dioden optimal eingestellt werden. Dabei müssten theoretisch von der Siliziumdiode D1 etwa 0,8 V und von der Schottky-Diode D2 etwa 0,28 Volt abgefangen werden (4,5 V – 1,08 V = 3,42 V). Auch hier wird man sich in der Praxis damit zufrieden geben, dass die Leuchtdiode einen Strom bezieht, der lieber bis zu 10% unterhalb als zu kritisch oberhalb von den 350 mA liegt – es sei denn, die Diode wird nur blinkend (mit kurzen Spannungsimpulsen) betrieben.

Ähnlich wie in den vorhergehenden Beispielen wird vorgegangen, wenn an ein Netzgerät mehrere LEDs in Reihe angeschlossen werden. Der typenbezogene LED-Strom (I_F) bleibt dabei unverändert. Es addieren sich nur die einzelnen LED-Spannungen, wie *Abb. 2.19* zeigt. Die zwei Widerstände **R1** und **R2** sind bei diesen Ohmschen Werten oft nur als 4-Watt- oder 5-Watt-Drahtwiderstände erhältlich. Sie ergeben zusammen einen Vorwiderstand von

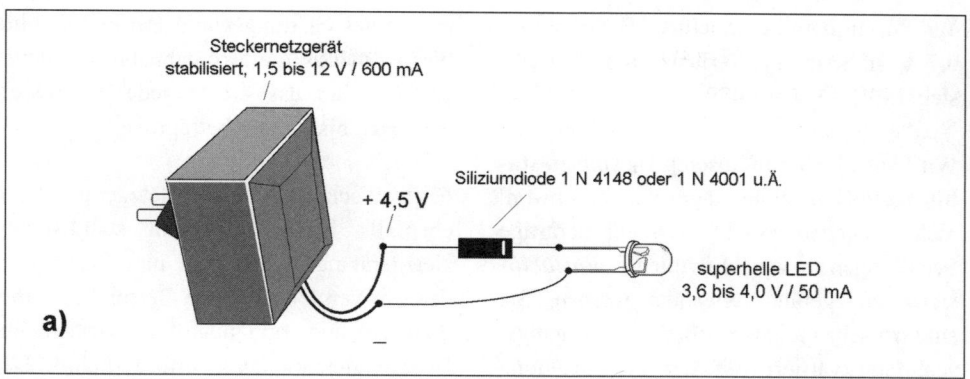

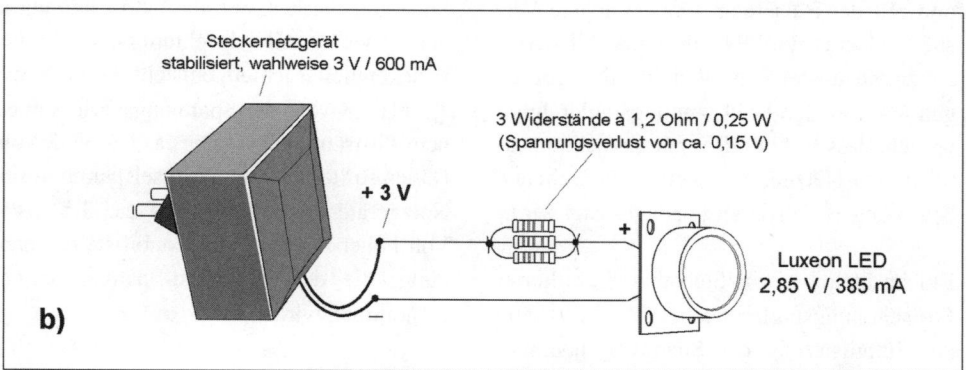

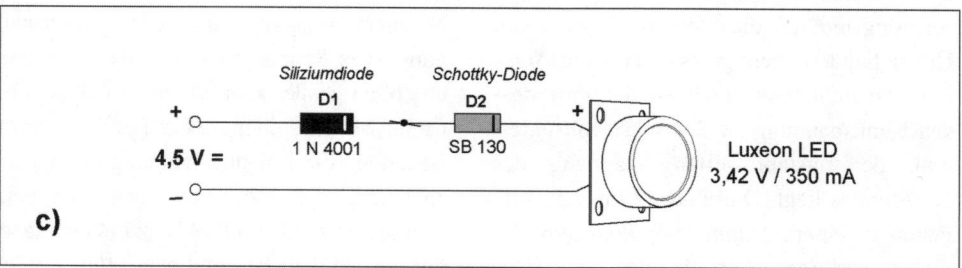

Abb. 2.18 Unter dem Motto „viele Wege führen nach Rom" kann die Ausgangsspannung eines stabilisierten Netzgerätes wahlweise mit Dioden oder mit Widerständen auf die erforderliche Betriebsspannung der angewendeten LED reduziert werden: a) mittels einer vorselektierten Siliziumdiode; b) mittels Vorwiderständen; c) mittels mehrerer, in Reihe geschalteter Dioden

2

4,97 Ω, an dem bei einem LED-Strom von **0,7 A** ein Spannungsverlust von **3,48 V** entsteht (4,97 x 0,7 = 3,479).

Wir haben bisher in unseren Beispielen **stabilisierte** Netzgeräte eingezeichnet, obwohl nichts dagegen spricht, dass für derartige Schaltungen bzw. Experimente *unstabilisierte* Netzgeräte verwendet werden. Sie sind oft sehr preiswert, aber ihre Ausgangsspannung variiert mit der Netzspannung und mit der Belastung. Für einfachere Versuche kann notfalls ein unstabilisiertes Netzgerät ausreichen, aber bei den günstigen Preisen der Festspannungsregler lohnt es sich, dass früher oder später so ein unstabilisiertes Netzgerät mit einer zusätzlichen Spannungsstabilisierung nachgerüstet wird.

Ein zusätzlicher, im Selbstbau installierter Festspannungsregler nach *Abb. 2.20* kann die Stabilisierung der Spannung übernehmen. Insofern es sich bei dieser Spannungsregelung *nur* um die Stromversorgung von LEDs handelt, genügt es, wenn ein *Standard-Spannungsregler* verwendet wird, dessen Nennspannung ca. 2 bis 2,5 Volt unterhalb der unstabilisierten Spannung des Netzgerätes liegt. Diese „ca. 2 bis 2,5 Volt" gehen in einem *Standard-Spannungsregler* intern verloren. Anstelle des *Standard-Spannungsreglers* kann jedoch ein (etwas teurerer) „*Low-drop-Spannungsregler*" verwendet werden, in dem nur ca. 0,5 V bis 1 V zwischen Eingang und Ausgang verloren gehen.

Die Lösung nach *Abb. 2.20* ist auch für andere beliebige Spannungen (und Spannungsregler) universal anwendbar. Die Kapazität des Glättungskondensators **C1** sollte hier jedoch an die Stromabnahme so angepasst werden, dass sie pro jede **100 mA** etwa 50 µF bis 100 µF beträgt.

Ein Wechselspannungs-Netzgerät kann ebenfalls leicht zu einem stabilisierten Netzgerät nach *Abb. 2.21* modifiziert werden. Im Vergleich zu dem Beispiel aus *Abb. 2.20* ist hier nur noch ein zusätzlicher Brückengleichrichter erforderlich. Der Spannungsverlust, der als Sperrspannung in den vier Gleichrichterdioden eines Brückengleichrichters entsteht, beträgt etwa 1,5 bis 1,8 Volt, der Spannungsverlust in einem Festspannungsregler ca. 1,5 bis 2 Volt. Daher sollte hier die Wechselspannung des Netzgerätes um mindestens ca. 3,5 bis 4 Volt höher liegen, als die stabilisierte Spannung, die dem Standard-Spannungsregler entnommen wird.

Der Spannungsunterschied zwischen dem Netzgerät-Ausgang und der „Nennspannung" des Spannungsreglers darf eventuell erheblich größer sein, als in den Beispielen nach *Abb. 2.20* oder *2.21* aufgeführt wurde. Ist jedoch die Eingangsspannung eines Festspannungsreglers zu übertrieben hoch, heizt sich dieser zu sehr auf. Als „zu übertrieben" dürften bei dem Beispiel nach *Abb. 2.20* eine Spannung von mehr als 15 Volt, bei der Lösung nach *Abb. 2.21* eine Wechselspannung von mehr als 18 Volt sein.

Der Umbau eines Wechselspannungs-Netzgerätes zu einem stabilisierten Netzgerät hat nur bedingt einen tieferen Sinn, denn so ein Netzgerät besteht nur aus einem Transformator, der auch als „kahler Baustein" kosten-

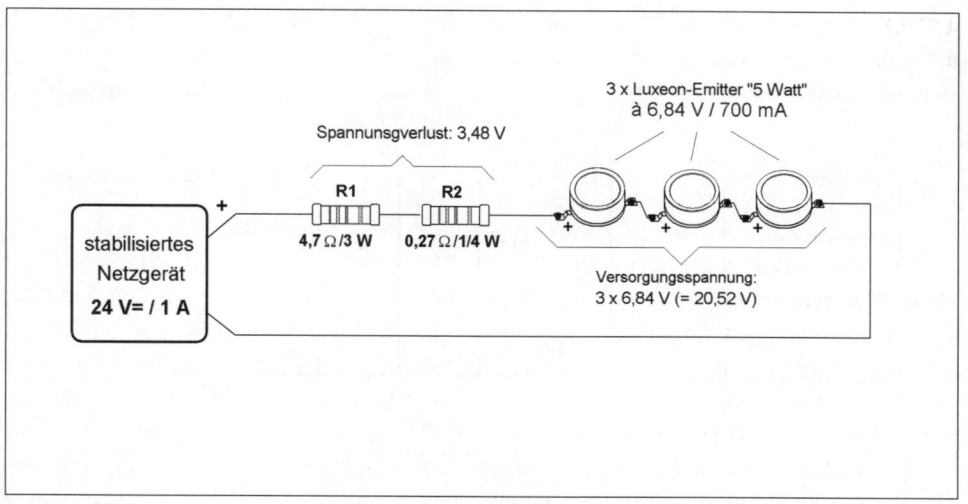

Abb. 2.19 Lösungsbeispiel einer einfachen Stromversorgung von drei leistungsstarken Luxeon-LEDs in Reihe

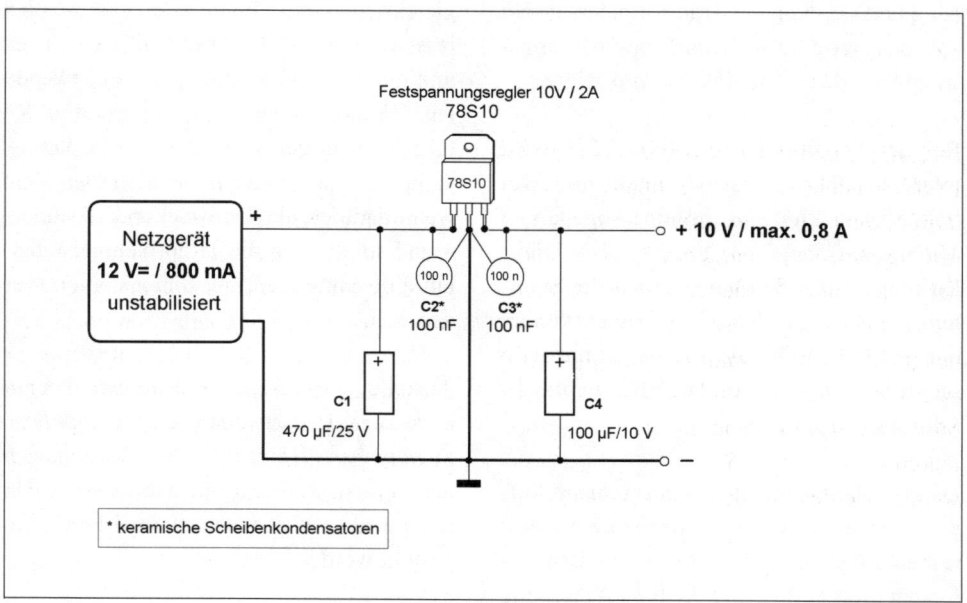

Abb. 2.20 Ein unstabilisiertes Netzgerät kann auch nachträglich mit einem Spannungsregler nachgerüstet werden, den man z. B. am Geräteausgang oder bei dem „Verbraucher" unterbringt

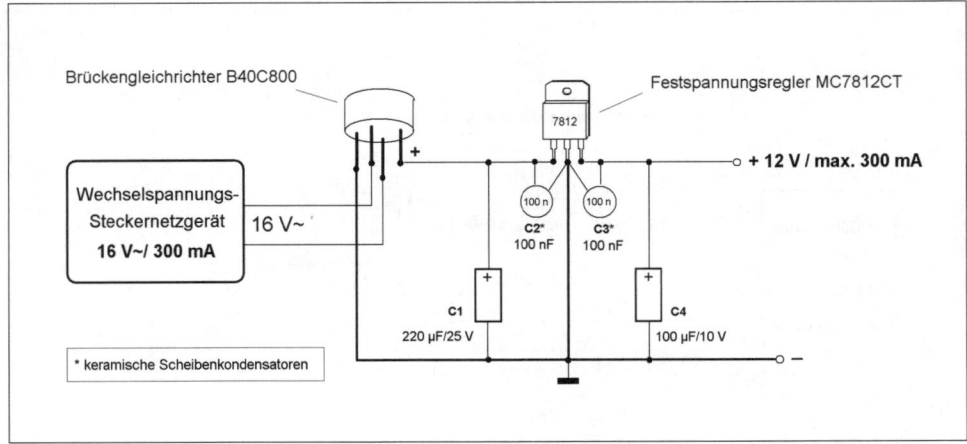

Abb. 2.21 Ein Wechselspannungs-Netzgerät kann leicht zu einem stabilisierten Netzgerät nachgerüstet werden

günstig erhältlich ist. Dann kann die Spannung und Leistung des Transformators genau auf den jeweiligen Bedarf optimal abgestimmt werden – wie *Abb. 2.22a/b* zeigen.

Bei der Schaltung nach *Abb. 2.22b* wird interessehalber ein Transformator mit zwei Sekundärwicklungen und eine sogenannte *Mittelpunkt-Schaltung* angewendet. Diese Lösung hat u.a. den Vorteil, dass der Spannungsverlust in den Gleichrichterdioden nur ca., 0,75 V beträgt und somit nur halb so groß ist, wie bei einer „Brückengleich-richtung" *(nach Abb. 2.22a)*.

Da es gegenwärtig meist *mit keinem* Aufpreis verbunden ist, wenn der Trafo bei derselben Leistung über zwei Sekundärwicklungen (von z. B. 2 x 15 V/ 0,83 A) anstelle von einer Sekundärwicklung derselben Leistung (z. B. 1 x 15 V/1,66 A) verfügt, ist die Anwendung einer Mittelpunkt-Schaltung

vorteilhafter. Zudem wird hier der Brückengleichrichter nur durch zwei – wesentlich preiswertere – Gleichrichterdioden ersetzt und die Sekundärspannung des angewendeten Trafos darf um die „eingesparten" ca. 0,75 V niedriger sein. Diese „Einsparung" kann vor allem dann willkommen sein, wenn dadurch die Trafo-Sekundärspannung – und somit auch die Trafo-Nennleistung – um eine Stufe niedriger dimensioniert werden darf.

Anstelle von einem *Festspannungsregler* kann bei Bedarf auch ein *einstellbarer Spannungsregler* nach *Abb. 2.23* angewendet werden, mit dem die stabilisierte Spannung exakt auf den Bedarf der LED(s) eingestellt werden kann.

Wird zu diesem Zweck ein einstellbarer Spannungsregler verwendet, der offiziell für eine Ausgangsspannung von z. B. *1,2 bis 37*

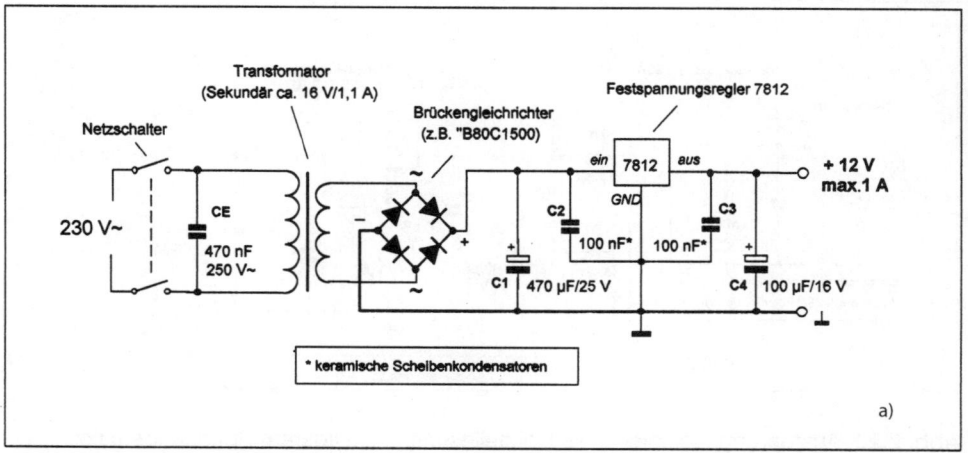

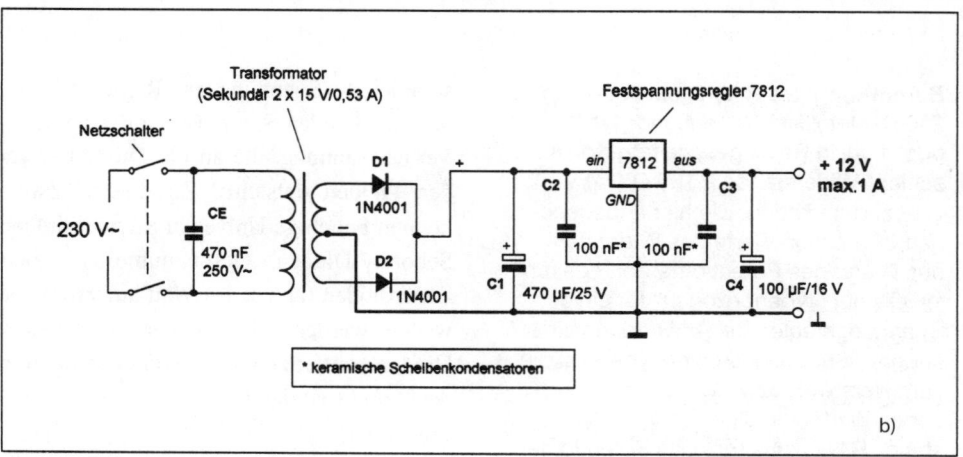

Abb. 2.22 Zwei Ausführungsbeispiele stabilisierter Selbstbau-Netzteile für die Stromversorgung von Leuchtdioden: a) Netzteil mit einem *Brückengleichrichter*; b) Netzteil mit einer *Mittelpunkt-Schaltung* (mit einem Trafo, dessen Sekundär über zwei elektrisch identische Wicklungen verfügt); *CE* dient als Entstörungs-Kondensator dazu, dass beim Ein- und Ausschalten des Netzteiles z. B. Audio- und Videogeräte nicht gestört werden

Volt ausgelegt ist, braucht die Sekundärspannung des angewendeten Netztrafos *nicht höher* zu sein, *als notwendig* ist, um die Spannungsverluste im Gleichrichter und im Spannungsregler zu decken. Auch hier stehen dem Anwender sowohl *Standard*- als auch *„Low-drop-Spannungsregler* zur Verfügung, bei denen – ähnlich wie bei Festspannungsreglern – jeweils ein „interner" Spannungsverlust von ca. 1,5 bis 2,5 V bzw. 0,5 bis 1 V entsteht.

2

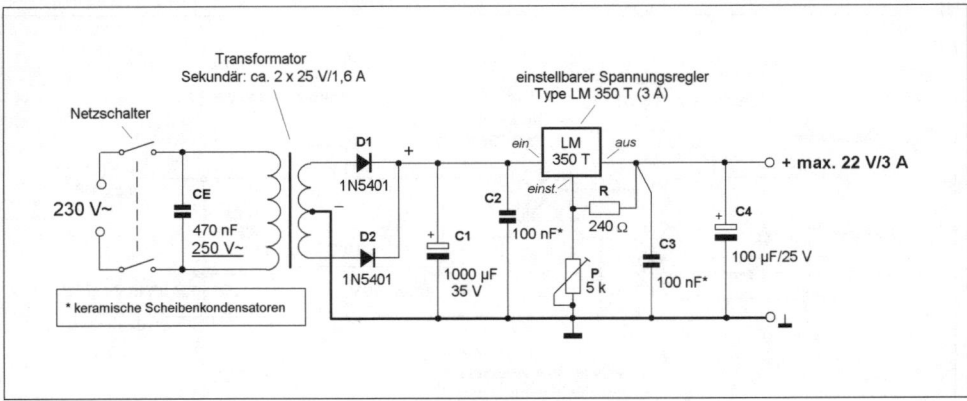

Abb. 2.23 Ausführungsbeispiel eines Netzteiles mit einstellbarem Spannungsregler

Bemerkung: als **R** kann entweder ein 240 Ω-Metallfilm-Widerstand (1/4 W) oder zwei in Reihe geschaltete Kohleschicht-Widerstände à 120 Ω (1/4 W) verwendet werden. Die hier angegebenen Ohmschen Werte des Widerstandes **R** und des Potentiometers P gelten jeweils nur „typenbezogen" für einige Spannungsregler. Bei Anwendung einer anderen Spannungsregler-Type sind die vom Hersteller bzw. Anbieter angegebenen Werte vor allem für den Widerstand „**R**" einzuhalten. Das Potentiometer „**P**" kann evtl. durch einen Festwiderstand oder durch ein „Duo" von einem Festwiderstand und einem Potentiometer (in Reihe) ersetzt werden.

Bei Bedarf kann nach *Abb. 2.24* auch bei einem Festspannungsregler die Ausgangsspannung stufenweise erhöht werden. Wird der „GND-" (Masse-) Anschluss des Spannungsreglers – wie abgebildet – nicht direkt, sondern über eine Diode (bzw. auch über mehrere in Reihe geschaltete Dioden) mit der Masse verbunden, erhöht sich die stabilisierte Spannung am Regler-Ausgang um die Dioden-Sperrspannung (= um die Verlustspannung, die an der Diode bzw. an den Dioden entsteht). Zu diesem Zweck können beliebige Universal-Siliziumdioden, Schottky-Dioden, Germaniumdioden oder Zenerdioden (ab ca. 1/4 Watt aufwärts) verwendet werden. Die Spannungen, die diese Dioden „auffangen", addieren sich dann zu der Reglerspannung.

Mit Hilfe einer Zenerdiode kann die stabilisierte Reglerspannung „sprungartig" *(nach Abb. 2.25)* erhöht werden. Eine zusätzliche Schottky-Diode, deren Sperrspannung meist nur ca. 0,28 bis 0,3 V beträgt, kann dabei eine etwas feinere Einstellung der stabilisierten Spannung erleichtern – was bei der Arbeit mit Leuchtdioden sehr praktisch ist.

Sowohl die Sperrspannungen der Silizium- oder Schottky-Dioden, als auch die *tatsächlichen* Zenerdioden-Spannungen variieren

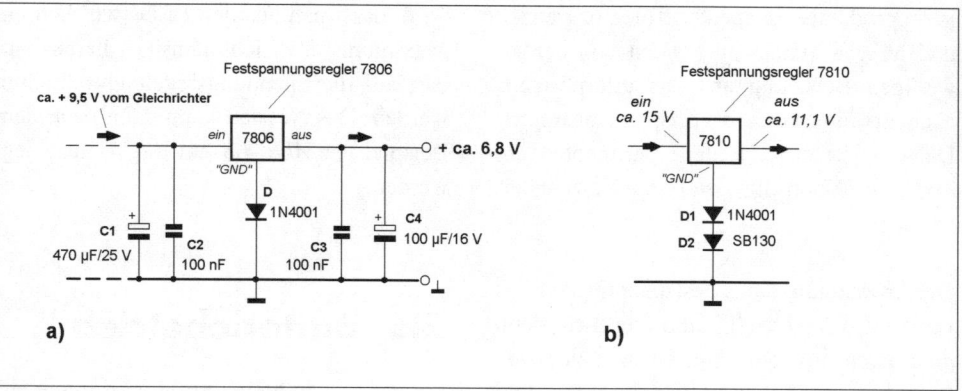

Abb. 2.24 Wird eine stabilisierte Festspannung benötigt, für die ein handelsüblicher Festspannungsregler nicht ausgelegt ist, kann mit Hilfe von zusätzlichen Dioden an seinem „GND-Anschluss" die stabilisierte Ausgangsspannung erhöht werden: a) die stabilisierte Ausgangsspannung erhöht sich um die *Sperrspannung* der Diode *1N4001*, die (typenabhängig) etwa 0,7 bis 1 V beträgt; b) durch die Kombination von einer „normalen" Siliziumdiode mit einer Schottky-Diode kann die stabilisierte Spannung um etwa 1,1 Volt erhöht werden

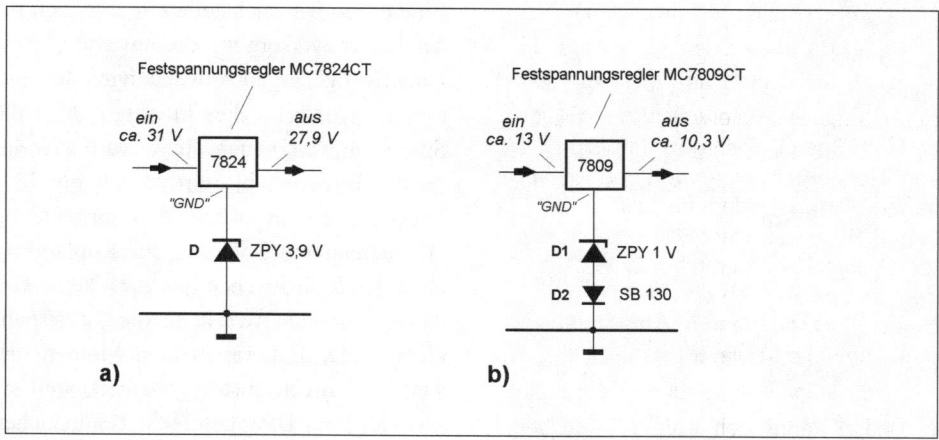

Abb. 2.25 a) Wird zwischen den Masseanschluss „GND" des Spannungsreglers und die Masse eine Zenerdiode eingelötet, erhöht sich die stabilisierte Ausgangsspannung um die Zenerspannung; b) eine zusätzliche Schottky-Diode erhöht die Ausgangsspannung um ca. 0,28 bis 0,3 V und ermöglicht somit eine feinere Einstellung der erforderlichen Ausgangsspannung (die sich auf diese Weise in unserem Beispiel auf ca. 10,3 V erhöht – was experimentell genau eingestellt werden muss).

2

in „produktbezogenen" Toleranzgrenzen und hängen zudem auch noch von der jeweiligen Belastung ab. Das gilt übrigens auch für die Standard-Festspannungsregler. Daher sollte bei diesen Experimenten ein *laufendes* Kontrollmessen zur Gewohnheit werden.

Die Anwendung eines Festspannungsreglers verteuert das Netzteil kaum merklich, denn man kann in dem Fall etwas „kleinere" (preiswertere) Elkos (Glättungs-Elko und Regler-Ausgangselko) verwenden. Wenn jedoch *kein* gehobener Wert darauf gelegt

Hinweis

Sollten Sie an näheren themenbezogenen Fachinformationen interessiert sein oder Ihre Fachkenntnisse in dieser Richtung vertiefen wollen, empfehlen wir Ihnen folgende Werke (von Bo Hanus / Franzis Verlag), die in demselben lockeren und leicht verständlichen Stil verfasst sind:
- Der leichte Einstieg in die Elektronik
- So steigen Sie erfolgreich in die Elektronik ein
- Das große Anwenderbuch der Elektronik
- Spaß und Spiel mit der Elektronik
- Spaß und Spiel mit der Solartechnik
(Alle diese Bücher sind erhältlich im Buchhandel, bei Conrad Elektronik und bei Internet-Buchanbieter)

wird, dass man aus den LEDs wirklich ein Maximum an Lichtintensität herausholt, darf auf die Spannungsregelung verzichtet werden. Das Netzteil kann dann nach dem Beispiel von *Abb. 4.8* (im Kap.4) ausgelegt werden.

2.5 Batteriebetrieb

Bei der Leuchtdioden-Stromversorgung aus Batterien ist es im Prinzip ratsam, dass die LED-Betriebsspannung möglichst identisch mit der Batteriespannung ist, denn Spannungs- und somit Leistungsverluste, die an Vorwiderständen oder anderen zusätzlichen „Energieschluckern" entstehen, kosten Geld.

Eine große Schwachstelle bildet jedoch bei der Batterieversorgung die unstabile Spannung. Bei gängigen Anwendungen der Batterien verursacht die Tatsache, dass die Spannung von neuen (bzw. voll aufgeladenen) Batterien bis um ca. 20 bis 22% höher ist, als die offizielle Nennspannung bei niemandem von uns ein Kopfzerbrechen. Und wir machen uns auch keine Gedanken darüber, wie hoch die „Restspannung" einer Batterie in dem Moment ist, wenn sie ihre Dienste verweigert, weil sie „zu leer" ist. Dies geschieht bei manchen Geräten erst dann, wenn ihre Versorgungsspannung etwa auf die Hälfte gesunken ist.

In der Hinsicht bilden allerdings Bleiakkumulatoren eine Ausnahme: wenn ihre Spannung einmal unterhalb von der vom Hersteller angegebenen Tiefentladeschwelle sinkt – die bei 12-Volt-Bleiakkumulatoren (z. B. auch bei Autobatterien) bei ca. 10,5 Volt liegt – lassen sie sich nicht mehr nachladen bzw. halten nicht mehr die Spannung. Das kennt aber jeder Autofahrer: vergisst man einmal die Parklichter abzuschalten, kann sich die Autobatterie derartig entladen, dass sie nicht mehr brauchbar ist.

Wird Wert darauf gelegt, dass die LED-Leuchtkraft auch bei einer variierenden Batteriespannung konstant bleibt, bietet die Lösung nach *Abb. 2.26* eine zuverlässige Abhilfe. Dabei muss jedoch der Spannungsverlust einkalkuliert werden, der in einem Standard-Spannungsregler ca. 2 Volt und bei einem „Low-Drop-Spannungsregler" ca. 0,5 bis 1 Volt beträgt.

Für die Spannungsregelung kann auch hier ein einstellbarer Spannungsregler *(wie in Abb. 2.23)* verwendet werden oder die Regler-Ausgangsspannung wird, wie in den

Beispielen aus *Abb. 2.24/2.25,* auf den exakten Wert eingestellt.

Ist es wünschenswert, dass die Batterie für die Leuchtdioden-Stromversorgung solar nachgeladen wird, kann eine einfache solarelektrische Anlage mit einer Selbstbau-Laderegelung nach *Abb. 2.27* verwendet werden.

Tiefentladeschutz-Geräte sind bei solarelektrisch betriebenen Anlagen und Geräten als Standard-Zubehör unerlässlich, wenn die Solarenergie in einem *Bleiakkumulator* gespeichert wird.

NiCd- und *NiMH-Akkumulatoren* benötigen dagegen *keinen* Tiefentladeschutz, denn sie lieben (und benötigen) tiefe Entladungen, die offiziell zumindest jedes Vierteljahr gezielt vorgenommen werden sollten. Ansonsten werden sie – infolge eines sogenannten *Memory-Effektes* – „faul" und lassen sich im Laufe der Zeit nicht mehr zufriedenstellend nachladen.

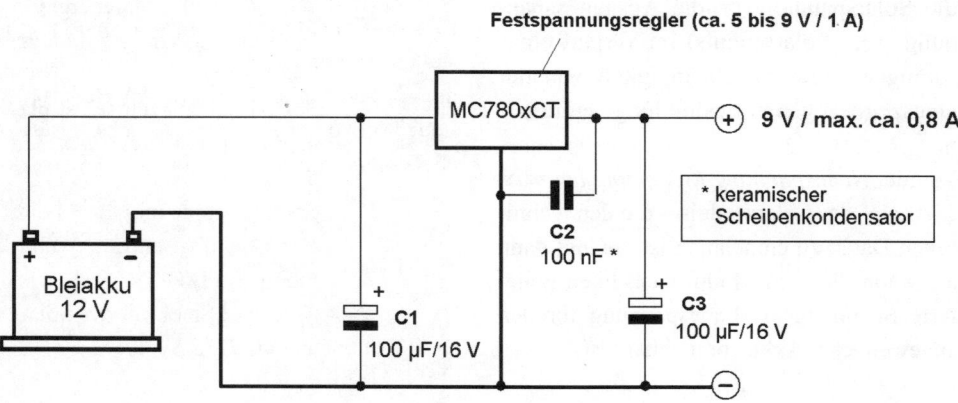

Abb. 2.26 Ein zusätzlicher Spannungsregler hält die LED-Versorgungsspannung konstant, auch wenn die Batteriespannung variiert

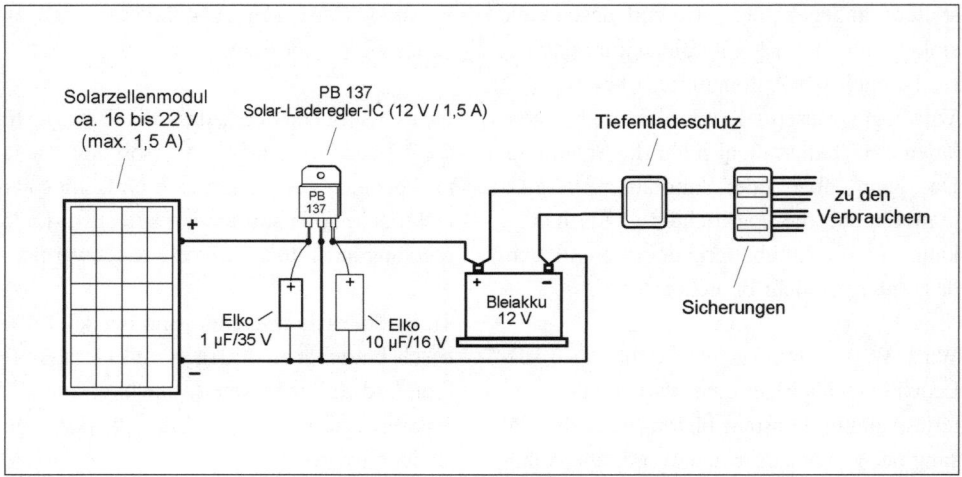

Solarzellenmodul
ca. 16 bis 22 V
(max. 1,5 A)

PB 137
Solar-Laderegler-IC (12 V / 1,5 A)

Tiefentladeschutz

PB
137

zu den
Verbrauchern

Elko
1 µF/35 V

Elko
10 µF/16 V

Bleiakku
12 V

Sicherungen

+

+

+

+

−

−

Abb. 2.27 Beispiel einer solarelektrischen Stromversorgung, bei der ein spezieller Solar-Laderegler *PB 137** das Laden regelt und ein handelsüblicher Tiefentladeschutz den Blei-akku vor zu tiefer Entladung schützt (* *Anbieter Conrad Elektronik, Bestell-Nr. 17 94 18*)

Bei batteriebetriebenen Leuchtdioden-Projekten wird die Batterie bevorzugt mit Solarstrom nachgeladen. Auf einige konkrete Bau- oder Experimentier-Vorschläge kommen wir noch später zurück. Vorerst zeigen wir an dem Beispiel in *Abb. 2.28,* wie die Solarspannung (= die Ausgangsspannung eines Solarmoduls) im Verlauf eines sonnigen Tages in Abhängigkeit von der tageszeitbezogenen Bestrahlung verläuft.

Von der *Nennspannung (Spannung bei max. Leistung)* des Solarmoduls – die den technischen Daten zu entnehmen ist – hängt dann ab, wann die vom Modul tatsächlich gelieferte Spannung als Ladespannung für den angewendeten Akku „brauchbar" ist.

Hinweis

Näheres über die Anwendung von Solarstrom können Sie u.a. aus folgenden Büchern (von Bo Hanus / Franzis Verlag) erfahren:

- Wie nutze ich Solarenergie in Haus und Garten? *(6. Auflage, 112 Seiten)*
- Solar-Dachanlagen selbst planen und installieren *(neu, 128 Seiten)*
- Solarstromnutzung beim Campen, im Caravan, Wohnmobil und Boot *(97 S.)*
- Spaß und Spiel mit der Solartechnik *(112 S.)*

2

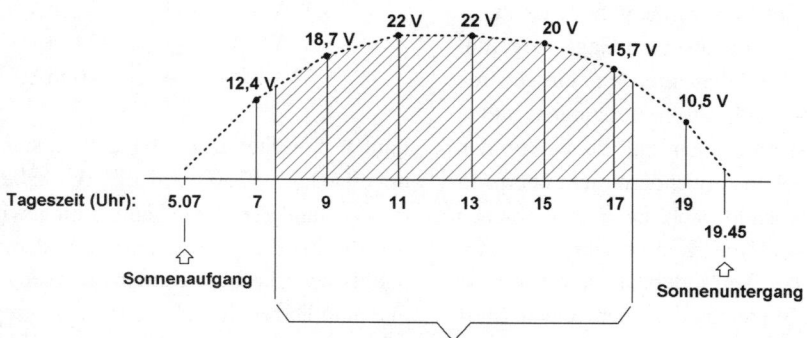

Tagesverlauf der Ausgangsspannung an einem 22-Volt-Solarmodul
an einem sonnigen Tag im August:

das Nachladen eines 12 V-Akkus fängt erst dann an, wenn die Solarspannung höher ist
als die jeweilige Akkuspannung (abzüglich der Spannungsverluste im Laderegler und in der Zuleitung)
und hört auf, sobald die Solarspannung auf die jeweilige Spannung des nachgeladenen Akkus sinkt

Abb. 2.28 Die fotovoltaische Ausgangsspannung eines Solarmoduls hängt von der Bestrahlung des Moduls direkt ab und ist als Batterie-Ladespannung nur dann brauchbar, wenn sie höher ist, als die Spannung, die die geladene Batterie zum Zeitpunkt des Ladens hat

2.6 Praktische Tipps

Vor allem während des Experimentierens mit teuren leistungsstarken Leuchtdioden ist Vorsicht beim optimalen Einstellen des Dauer-Betriebsstroms geboten. An vielen vorhergehenden Beispielen haben wir gezeigt und erklärt, dass der Betriebsstrom einer Leuchtdiode – bzw. einer Leuchtdioden-Kette – durch eine genaue Einstellung der stabilisierten Betriebsspannung erfolgen kann.

Eine genaue Einstellung des LED-Stroms ist theoretisch ein einfaches Anliegen – vorausgesetzt, man verfügt über ein gutes Messgerät. Diese Vorbedingung kann jedoch in der Praxis vor allem dann zu einem Stolperstein werden, wenn man beispielsweise im Messbereich zwischen 350 mA und 750 mA den Strom einer 1 Watt bzw. 5 Watt-Luxeon-LED messen möchte.

Der Gleichstrom-Messbereich vieler Multimeter hört bei 300 mA (ausnahmsweise bei 400 mA) auf und setzt sich erst bei einem Messbereich von „10 A" oder „20 A" fort. Dazwischen ist eine Grauzone, in der man sich nicht einmal auf „geeichte" und mit eindrucksvoll wirkenden Messprotokollen ausgestattete Multimeter verlassen kann.

2

Es verdient eine Erwähnung, dass vieles von dem, was der Handel seinen Kunden gegenwärtig an Messgeräten zumutet, nur eine Spielzeugqualität aufweist. Dies gilt leider auch für Messgeräte gehobener Preisklasse, die oft mit diversen Gags aufgemöbelt sind. Bei den meisten einfacheren Spannungs- und Strommessungen fallen solche Messfehler nicht auf, da sie von den vertrauensvollen Anwendern nicht überprüft werden. Es stellt sich zwar bei solchen „schrottreifen" Messgeräten sehr oft heraus, dass z. B. bei der Widerstandsmessung der gemessene Widerstand in dem einen Messbereich einen anderen Ohmschen Wert hat als in dem danebenliegenden Messbereich. Hier kann man jedoch notfalls zum Vergleich z. B. mehrere 5%-Widerstände (mit goldenem Streifen, der diese Toleranz angibt) messen um dahinter zu kommen, welcher der Messbereiche als einigermaßen glaubwürdig eingestuft werden dürfte.

Im Zusammenhang mit der exakten Spannungs- und Stromeinstellung bei teuren superhellen Leuchtdioden spielt jedoch die Zuverlässigkeit der Messwerte eine wichtige Rolle. Wir haben in *Abb. 2.10* zwei Hersteller-Grafiken aufgeführt, aus denen hervorgeht, dass bereits eine ziemlich kleine Veränderung der LED-Versorgungsspannung eine relativ große Veränderung des von der LED bezogenen Stroms zufolge hat.

Die tatsächliche Auswirkung der LED-Versorgungsspannung auf die LED-Stromabnahme zeigt der nun folgende Teil unserer Messungen, die wir an einer 1-Watt-Luxeon-LED vorgenommen haben:

Versorgungsspannung:		Stromabnahme:
3,42 V	$\rightarrow$	242 mA
3,48 V	$\rightarrow$	290 mA
3,50 V	$\rightarrow$	300 mA
3,53 V	$\rightarrow$	313 mA
3,54 V	$\rightarrow$	324 mA
3,58 V	$\rightarrow$	340 mA

Laut technischer Daten handelt es sich hier um eine 3,42 V/350 mA-LED. Wir haben bereits an anderer Stelle darauf hingewiesen, dass kleinere Abweichungen bei dem Verhältnis zwischen der Betriebsspannung (U_F) und dem Dauer-Betriebsstrom (I_F) akzeptiert werden dürfen, wenn dabei die Leistung (U x I) nicht gefährlich überschritten wird. Hypothetisch dürfte in dem Fall für diese LED z. B. die Versorgungsspannung auf ca. 3,5 V und somit der Betriebsstrom auf ca. 300 mA eingestellt werden. 3,5 V x 0,3 A ergeben eine LED-Leistung von 1,05 W. Damit kann man sich eventuell zufrieden geben. Durch die Herstellungsstreuung weichen die einzelnen LEDs voneinander immer etwas ab und so bleibt es im individuellen Ermessen, inwieweit man der einen oder anderen LED eventuell etwas mehr zumutet – was auch von der Art des Betriebs (von der Dauer der Einschaltzyklen) abhängt.

Bleibt allerdings noch die Frage offen, auf welche Weise der LED-Strom ausreichend genau ermittelt werden kann, wenn nur Messgeräte zur Verfügung stehen, deren Messgenauigkeit fraglich ist. Dazu kommt noch, dass die Display-Anzeigen der meisten Digital-Messgeräte vor allem bei Strommessungen in einem unzumutbar breiten Messbereich hüpfend herumzählen und bei keinem eindeutigen Messergebnissen landen. In der Hinsicht sind Analog-Messinstrumente (darunter auch Analog-Multimeter) ein wahrer Segen, denn da nimmt der Zeiger schnell seine Position ein und bleibt unbeweglich stehen. Das sagt zwar über die eigentliche Messgenauigkeit des Messgerätes nichts aus, aber das Messen wird zu keinem frustrierenden Ratespiel.

Die Messgenauigkeit Ihres Multimeters können Sie am einfachsten mit Hilfe von 1%-Metallschicht-Widerständen nach *Abb.*

2.29/2.30 mit Hilfe des Ohmschen Gesetzes überprüfen. Bei der Lösung nach *Abb. 2.29* können Sie „kreuz und quer" die einzelnen Verlustspannungen an den Widerständen oder Widerstands-Sektionen messen und die Ergebnisse mit den „Soll-Werten" vergleichen. Die Ausgangsspannung eines normalen (preiswerten) Festspannungsreglers darf man dabei nicht als eine zuverlässige Referenz-Spannung betrachten. Sie weicht von dem offiziellen Wert meist etwas ab, sinkt zudem geringfügig bei vielen einfacheren Span-

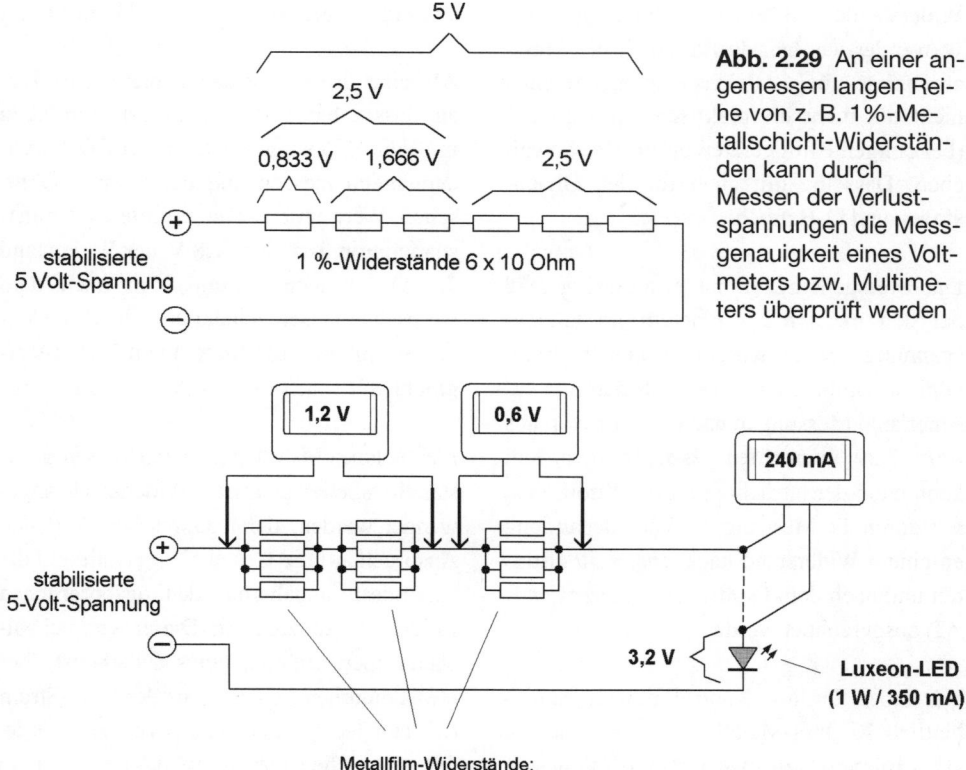

Abb. 2.29 An einer angemessen langen Reihe von z. B. 1%-Metallschicht-Widerständen kann durch Messen der Verlustspannungen die Messgenauigkeit eines Voltmeters bzw. Multimeters überprüft werden

Abb. 2.30 Um den LED-Strom angemessen genau feststellen zu können genügt es, wenn an einem ausreichend genauen Widerstand oder an einer Widerstands-Sektion der Spannungsverlust festgestellt wird

nungsreglern mit zunehmender Stromabnahme, und sollte daher jeweils auch gemessen, notiert und in die Gegenüberstellung der Messergebnisse einbezogen werden.

Die Summe der ermittelten Spannungswerte an einzelnen Widerständen oder an Widerstands-Sektionen (von zwei oder drei Widerständen in Reihe) muss letztendlich identisch mit der ermittelten Ausgangsspannung des Spannungsreglers bzw. der stabilisierten Spannungsquelle sein. Wenn für dieses Experiment Metallschicht (Metallfilm)-Widerstände mit einer Toleranz von 1% verwendet werden, dürften auch die Messergebnisse bei Gleichspannungsmessung nicht um mehr als praktisch um etwa 2% (bei einigen Billiggeräten bis zu 5%) abweichen. Dasselbe gilt auch für den Gleichstrom- und Ω-Bereich.

Die Messgenauigkeit ist erfahrungsgemäß bei den meisten Multimetern im Gleichspannungsbereich wesentlich besser als im Gleichstrombereich – was sich durch experimentelle Messungen nach dem Prinzip aus *Abb. 2.29* überprüfen lässt. In dem Fall kann dann der tatsächliche LED-Strom evtl. nur durch die Messung der Verlustspannung an einem Widerstand nach *Abb. 2.30* ermittelt und nach dem Ohmschen Gesetz (U x R = I) ausgerechnet werden.

Wir haben für diese Kontrollmessungen einheitlich 10 Ohm-Metallschicht-Widerstände (1% Toleranz) angewendet, die in diesem Fall nur als eine preiswerte „Packung" von 100 Stück erhältlich waren (macht nichts aus, denn man kann sie beliebig seriell-parallel verschalten und zudem vielseitig ver-

wenden). Somit sind die zwölf Widerstände in der Schaltung nach *Abb. 2.30* nur als drei Serien-Widerstände von je **2,5 Ω** zu betrachten.

Wird an einem dieser Widerstände eine Verlustspannung von **0,6 V** ermittelt, ergibt sich daraus ein „durchfließender Strom" von **240 mA** bzw. **0,24 A** (0,6 V : 2,5 Ω = 0,24 A). Dasselbe Ergebnis müssten wir erhalten, wenn die Verlustspannung an zwei in Serie geschalteten Widerständen von je 2,5 Ω (= 5 Ω) gemessen wird, denn 1,2 V : 5 Ω ergibt ebenfalls 0,24 A (= 240 mA).

Als eine dritte Alternative bietet sich hier an, dass wir den Spannungsverlust an allen in *Abb. 2.30* eingezeichneten LED-Vorwiderständen messen und durch ihren Ohmschen Wert teilen. Die ermittelte Verlustspannung müsste hier 1,8 V, der Widerstand 7,5 Ω betragen, woraus sich nach dem Ohmschen Gesetz wieder ein „durchfließender Strom" (= LED-Strom) von 240 mA ergibt (1,8 V : 7,5 Ω = 0,24 A).

Für solche Messungen können selbstverständlich beliebige andere Widerstände angewendet werden, deren Ohmscher Wert den Anspruch auf die Genauigkeit erfüllt und die zumindest annähernd den erforderlichen LED-Strom durchlassen. Dieser wird bei solchen Experimenten anfangs sicherheitshalber etwas niedriger gehalten, als der LED-Strom (I_F) laut technischer Daten erlauben würde. Oft geht es hier nur darum, dass man den so ermittelten „tatsächlichen" Strom mit dem vergleicht, was das Multimeter anzeigt und daraus den prozentualen Messfehler berechnet, um das Multimeter (in dem auf diese

Weise „durchleuchteten" Messbereich) weiterhin anwenden zu können.

Eine kurze Bemerkung dürfte noch die Frage einer aufwendigeren elektronischen Stromregelung bzw. Strombegrenzung beim LED-Betrieb verdienen. Es gibt spezielle LED-Netzteile, die mit einer elektronischen Strombegrenzung ausgelegt sind und einen Ausgangsstrom von z. B. 350 mA liefern, vorausgesetzt, die eigentliche LED-Versorgungsspannung ist ausreichend hoch.

Die Anwendung eines solchen speziellen Netzteiles kann das Experimentieren erleichtern. Andererseits haben wir in unseren Laboratorien diverse 1 Watt- und 5 Watt-Luxeon-Leuchtdioden „auf Herz und Nieren" im Dauerbetrieb durchgetestet und konnten dabei feststellen, dass sie bei einem einmal richtig eingestellten LED-Strom (+ einem Festspannungsregler) perfekt funktionieren.

Bei der Anwendung eines Netzteiles bzw. einer Spannungsregelung aus den Bauanleitungen, die in diesem Buch aufgeführt sind, beziehen alle superhellen Leuchtdioden –

darunter auch die angesprochenen Luxeon-LEDs – einen Strom, der auch bei Dauerbetrieb konstant bleibt. Nur wenn sich so eine LED zu sehr aufheizt (was erprobt nur bei den 5 Watt-LEDs vorkommt), sinkt der LED-Strom um einige wenige %. Diese Eigenschaft dürfte sich für die LED prinzipiell als „gesundheitsfördernd" auswirken und erfordert keine Gegenmaßnahmen. Der dadurch entstandene Unterschied in der Lichtausbeute ist kaum messbar und nicht sichtbar.

Sie werden beim Experimentieren feststellen dass sowohl die Spannungsregler der Selbstbau-Netzteile als auch die 5 Watt-Luxeon-LEDs, gute Kühlkörper benötigen, die ziemlich großzügig dimensioniert sind (auf eine wärmeleitende Paste zwischen dem Halbleiter und dem Kühlkörper sollte dabei nicht verzichtet werden). Sollten mehrere 5 Watt-Luxeon-LEDs nebeneinander derartig dicht angeordnet werden, dass für die Kühlkörper zu wenig Raum zur Verfügung steht, können die einzelnen Kühlkörper z. B. nach dem Prinzip aus *Abb. 2.31* im Selbstbau erstellt werden.

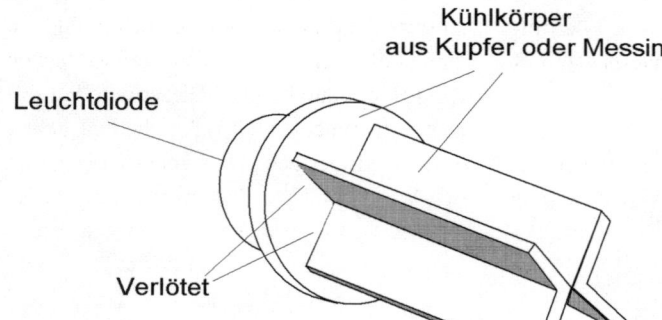

Kühlkörper
aus Kupfer oder Messing

Leuchtdiode

Verlötet

Abb. 2.31 Ausführungsbeispiel eines „platzsparenden" Selbstbau-Kühlkörpers, der aus einer runden Kupfer- oder Messingplatte und zwei Kupfer- oder Messing-L-Profilen besteht, die mit Zinn zusammengelötet sind

2

1 Watt-Luxeon-LEDs erwärmen sich – im Gegensatz zu den 5 Watt-Typen – auch beim Dauerbetrieb nur wenig und stellen ziemlich bescheidene Ansprüche an den Kühlkörper, der eventuell als eine runde, ca. 2 mm dicke Kupferplatte mit einem Durchmesser von ca.

10 mm ausgeführt werden kann (was vor allem für einfachere Experimente ausreicht). Auf dieser Kühlplatte kann die LED mit einem speziellen wärmeleitenden Kleber befestigt werden.

Konstantes Licht

In diese Rubrik dürfte jedes Licht fallen, das ununterbrochen und „ruhig" leuchtet. Es kann sich dabei um eine LED-Beleuchtung handeln, die einen dunklen Raum, eine dunkle Treppe oder einen Keller-Lichtschalter wirklich ununterbrochen beleuchtet oder einfach um eine Beleuchtung, die für einen limitierten Dauerbetrieb auf Abruf eingeschaltet wird. Zu letzterer Gruppe der „Konstantlicht-Quellen" gehören verschiedenste Kontroll- und Signalleuchten, Warnleuchten und Warnanzeigen, Reklameleuchten, Party-Leuchten, Decken-, Tisch- und Taschenlampen usw.

Der niedrige Energieverbrauch und die zunehmende Fähigkeit ein akzeptables Tageslicht zu erzeugen, macht superhelle Leuchtdioden zu attraktiven Konkurrenten der herkömmlichen Lichtquellen.

Die technischen Informationen aus den vorhergehenden Kapiteln reichen dazu aus, dass ein Leser mit etwas kreativer Phantasie viele interessante LED-Anwendungen mit konstantem Licht leicht selber bewerkstelligen kann. Wir beschränken uns daher darauf, dass wir nur noch einige speziellere Anwendungsmöglichkeiten aufführen, die sich auch gut fürs Experimentieren eignen.

3.1 Mini-Spots

Wer ab und zu abends an seinem PC sitzt, der kennt das Problem: man würde oft nur ein ganz bescheidenes Licht brauchen, um sich auf der Tastatur zurechtzufinden. Eine Tischlampe erweist sich oft als zu störend. Werden an ihrer Stelle zwei bis vier gut positionierte superhelle weiße LEDs verwendet, kann die PC-Tastatur auf eine sehr angenehme Weise beleuchtet werden.

Von der Anordnung des Monitors mit seiner „Randapparatur" hängt ab, wo die LEDs am besten untergebracht werden können und wie viele LEDs erforderlich sind, um die Tastatur ausreichend vollflächig zu beleuchten (das muss individuell ausprobiert werden). Falls ein PC-Flachbildschirm ergonomisch in der Augenhöhe auf einer Konsole steht, können z. B. etwa drei superhelle Leuchtdioden unter eine kleine Eigenbau-Blende nach *Abb. 3.1* (die z. B. aus einem ca. 0,5 bis 0,7 mm dünnen Alu-Blech angefertigt wird) untergebracht werden.

Superhelle LEDs eignen sich hervorragend auch für andere lokale Beleuchtungen, die wahlweise mit weißem Licht oder auch mit

3

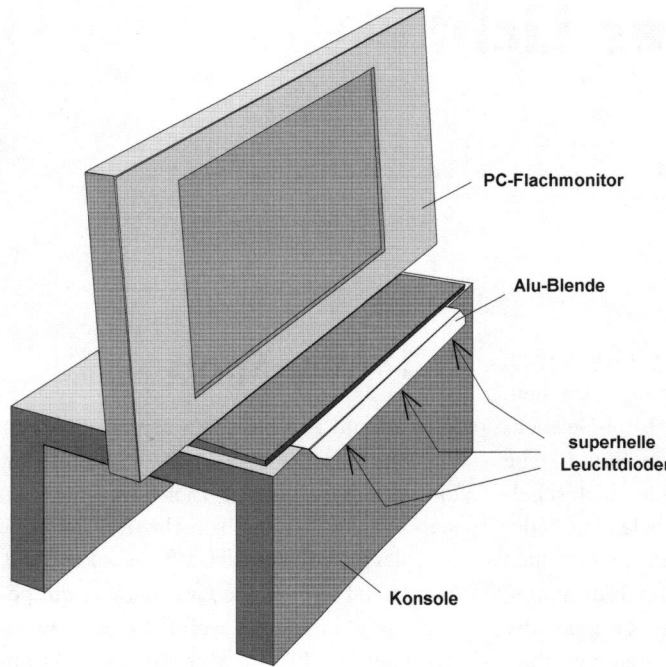

PC-Flachmonitor

Alu-Blende

superhelle
Leuchtdioden

Konsole

Abb. 3.1 Unter einer Selbstbau-Blende, die unterhalb eines PC-Flachbildschirms einfach eingesteckt wird, können superhelle Leuchtdioden untergebracht werden, die „dezent" die PC-Tastatur beleuchten

farbigem Licht vorgenommen werden können.

Wir haben zu diesem Zweck verschiedene einfachere LED-Konfigurationen experimentell ausprobiert und die besten davon in der Form von kompletten nachbauleichten Beispielen der passenden stabilisierten Spannungsversorgung in *Abb. 3.2* bis *3.4* ausgearbeitet. Um Ihnen beim Nachbau das Herumsuchen nach einzelnen Schaltungsteilen auf anderen Buchseiten zu ersparen, wiederholen wir bei diesen Schaltplänen auch diverse Schaltungsteile, die mit den jeweils „vorhergehenden" Schaltplänen optisch identisch sind und nur einige unterschiedliche Bauteile beinhalten.

Über den Selbstbau von Netzteilen haben

wir bereits im *Kap. 2.4* alles erläutert, was für die Praxis von Bedeutung ist. Daher dürfte es genügen, wenn wir zu dem maßgerecht ausgelegten Netzteil aus *Abb. 3.2* nur zwei Bausteinen zusätzliche Aufmerksamkeit widmen:

a) Der Netztransformator (1 VA) ist hier bewusst etwas überdimensioniert, da er preiswerter und robuster ist, als sein kleineres 0,5 VA-Brüderchen, dessen Sekundär (2 x 15 V/16 mA) für diesen Zweck bereits auch ausreichen würde.

b) Als **D3** kann jede beliebige Restposten-Siliziumdiode eingesetzt werden, deren Sperrspannung (= Spannungsverlust an ihren Anschlüssen) theoretisch bei ca. 0,8 V liegt. Da jedoch in der Praxis die

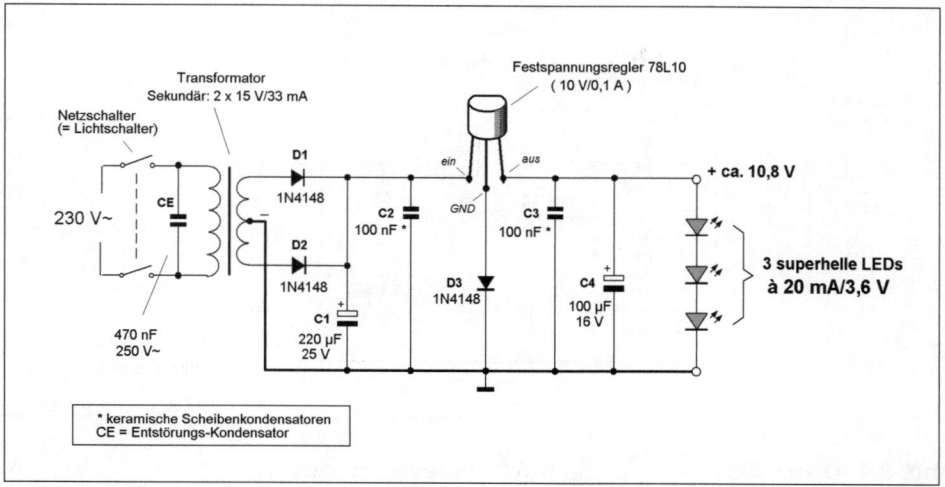

Abb. 3.2 Drei superhelle weiße LEDs reichen u.a. für die lokale Beleuchtung einer PC-Tastatur (*nach Abb. 3.1*)

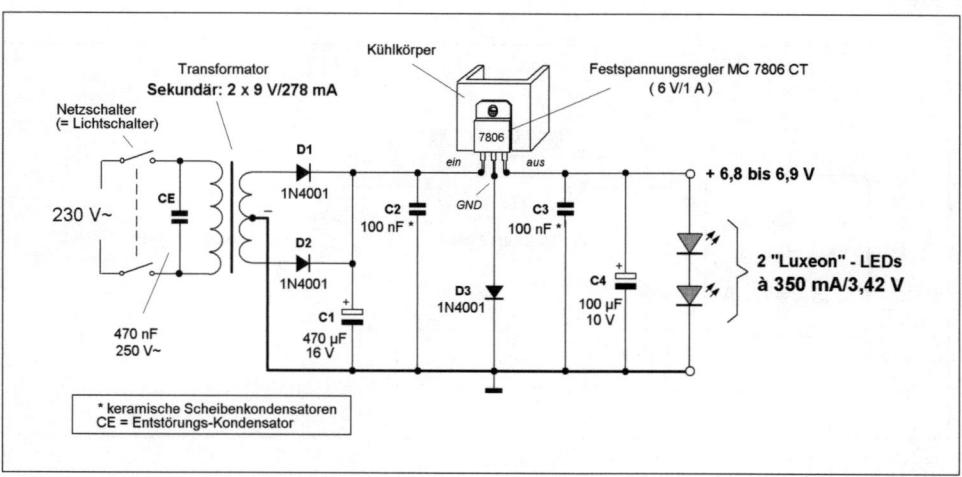

Abb. 3.3 Zwei superhelle Luxeon-LEDs (à 1 Watt) können als eine praktische Mini-Beleuchtung eingesetzt werden

Ausgangsspannung des Spannungsreglers von den vorgesehenen 10 Volt höchstwahrscheinlich etwas abweichen wird, müsste die Sperrspannung der **D3** genau genommen nur noch den exakten Spannungsunterschied an den Regler-Ausgang anheben. Unter Umständen müsste als **D3** anstelle einer „normalen" Siliziumdiode eine Schottky-Diode eingesetzt werden, deren Sperrspannung nur

3

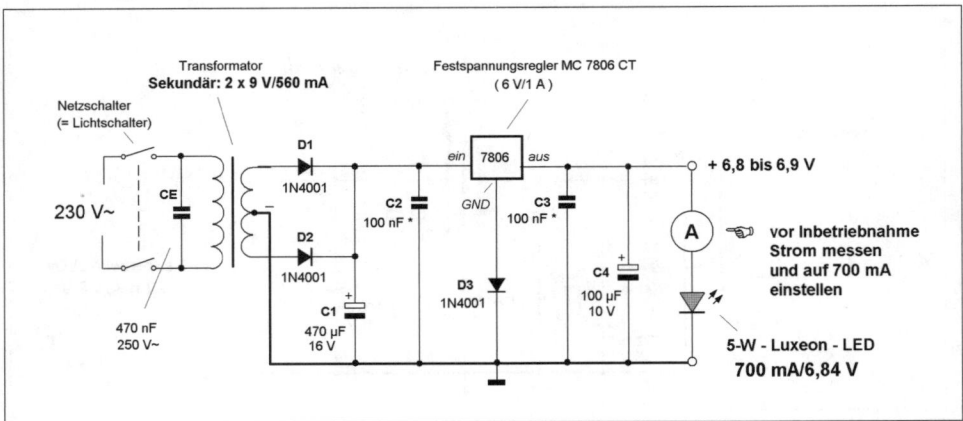

Abb. 3.4 Dieses Netzteil ist für die 5-Watt-Luxeon-LED ausgelegt, die einen Lichtstrom von stolzen 120 Lumen hervorbringt: das käme mit dem Lichtstrom einer herkömmlichen 230 V~-Haushaltsglühlampe von ca. 17 Watt überein (achten Sie bitte bei der Anschaffung dieser Leistungs-Leuchtdioden auf die vom Hersteller angegebene limitierte Lebensdauer!)

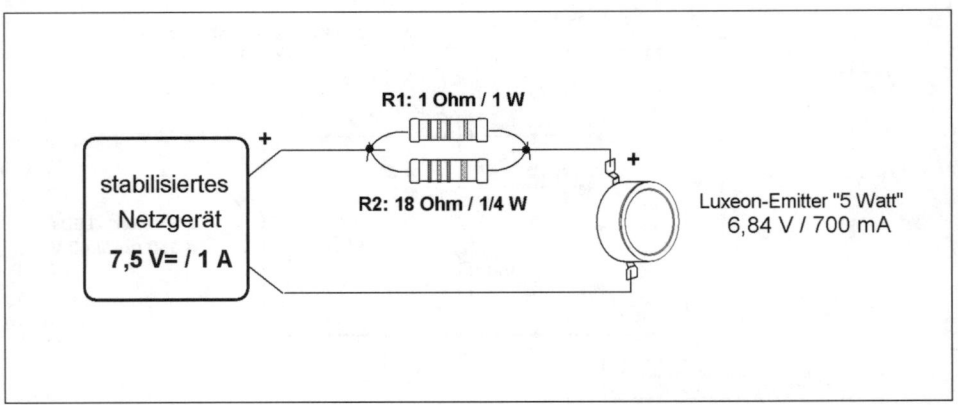

Abb. 3.5 Für die ersten Experimente kann als Spannungsversorgung einer superhellen 5 Watt-Luxeon-LED ein handelsübliches stabilisiertes 7,5 V/1 A-Netzgerät (Stecker-Netzgerät) verwendet werden; die überschüssige Spannung von 0,66 V fangen die zwei eingezeichneten Widerstände auf

ca. 0,3 V beträgt. Das ist aber bloß Theorie. Ein Praktiker wird erst die **D3** ganz weglassen, den GND-Anschluss des Reglers einfach mit der Masse verbinden und mit einem Milliamperemeter (Multimeter) nachmessen, welcher Strom nun tatsächlich durch die drei in Reihe geschalteten Dioden fließt. Werden z. B. 18,5 bis 19 mA ermittelt, kann man sich damit zufrieden geben.

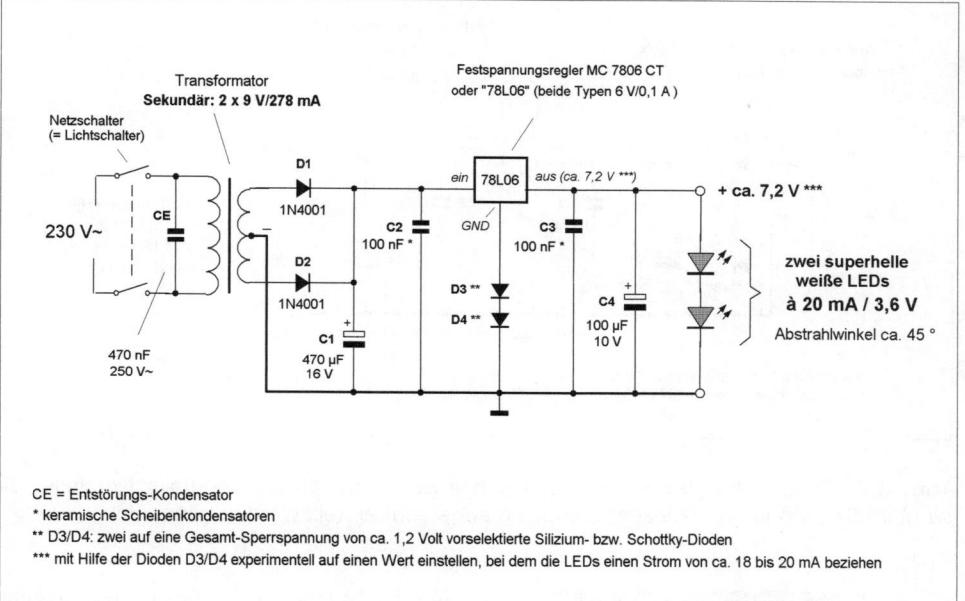

CE = Entstörungs-Kondensator
* keramische Scheibenkondensatoren
** D3/D4: zwei auf eine Gesamt-Sperrspannung von ca. 1,2 Volt vorselektierte Silizium- bzw. Schottky-Dioden
*** mit Hilfe der Dioden D3/D4 experimentell auf einen Wert einstellen, bei dem die LEDs einen Strom von ca. 18 bis 20 mA beziehen

Beispiel der Anordnung von zwei superhellen Leuchtdioden an einer Brille:

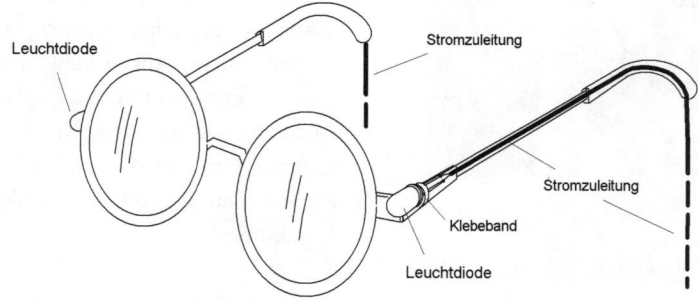

Abb. 3.6 *oben*: Netzteil für zwei weiße superhelle Leuchtdioden, die z. B. an einer Brille oder an einem glaslosen Brillengestell angebracht werden können; *unten*: Beispiel der Anordnung von zwei Leuchtdioden an einer Brille (die Zuleitung wird ähnlich wie eine Brillenkette gestaltet)

3

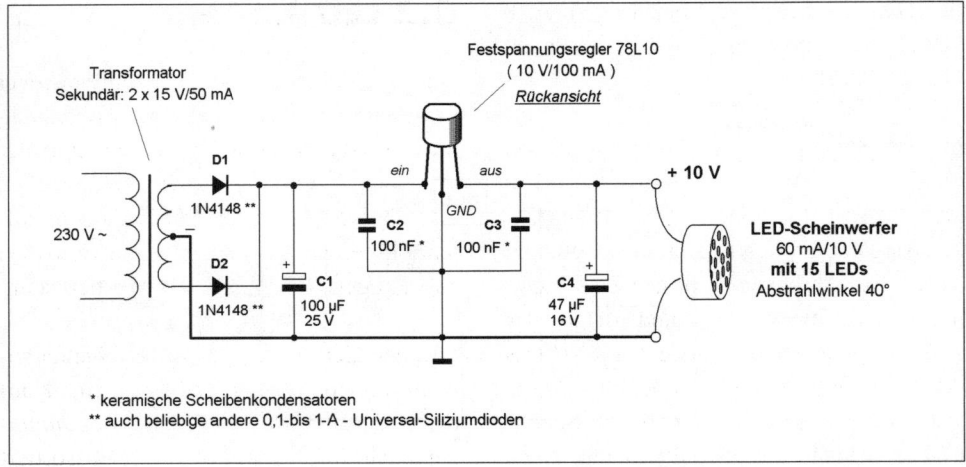

Abb. 3.7 Diverse handelsübliche LED-Scheinwerfer benötigen ebenfalls Netzteile, die leicht im Selbstbau nach diesem Beispiel maßgerecht erstellt werden können

Abb. 3.8 Leuchtdioden anstelle einer Glühbirne: manche dieser LED-Lampen können einfach anstelle von normalen Glühbirnen in gängige (E-27) Glühbirnen-fassungen eingeschraubt werden (sie sind wahlweise für eine Wechselspannung von 12 V, 24 V oder 230 V ausgelegt)

Für das Netzteil nach *Abb. 3.3* wäre eigent-lich ein Trafo-Sekundär von 2 x 10 V opti-mal, aber für diese Spannungsregelung rei-chen erprobt die 2 x 9 V aus. Eventuelle kleinere Rillen, die in der Regler-Aus-gangsspannung im Falle einer Netz-Unter-spannung entstehen können, haben keine wahrnehmbare Auswirkung auf die Licht-qualität. Für die optimale Regler-Ausgangs-spannung gilt dasselbe, was bereits im Zu-sammenhang mit *Abb. 3.2* erläutert wurde. Zu beachten: Diese Leuchtdioden benötigen Kühlkörper!

Auch bei dem Netzteil aus *Abb. 3.4* müsste im Idealfall die zusätzliche Siliziumdiode (D3) die Regler-Ausgangsspannung auf die erforderlichen 6,84 Volt erhöhen. Diese Leuchtdiode heizt sich beim *Dauerbetrieb* kräftig auf, benötigt einen ausreichend großen Kühlkörper und für ihre (noch rela-tiv kurze) Lebenserwartung ist es wichtig, dass der Betriebsstrom bei Dauerbetrieb **700 mA** (bevorzugt 650 bis 675 mA) nicht überschreitet.

In dem Netzteil aus *Abb. 3.6* wird mit zwei zusätzlichen Dioden (**D3/D4**) an dem „GND"-Anschluss des 6-Volt-Festspannungsreglers die Regler-Ausgangsspannung auf ca. 7,2 V erhöht. Zu diesem Zweck eignet sich am besten ein Dioden-Duo, das z. B. aus einer Siliziumdiode *1 N 4001* (bis *4004*) und einer Schottky-Diode *SB 130* besteht. Vorausgesetzt, dass z. B. die Schottky-Diode nicht ganz entfallen kann, wenn der Spannungsregler ohnehin eine etwas höhere Spannung als die vorgesehenen 6 Volt liefert. Zudem muss hier die theoretisch vorgesehene Spannung von 7,2 V eventuell etwas geändert werden, um den optimalen LED-Strom (von ca. 18 bis 20 mA) einzustellen (siehe hierzu auch unsere Tipps aus Kap. 2.6).

Es spricht aber nichts dagegen, dass hier anstelle des 6 Volt-Spannungsreglers ein 8 Volt-Spannungsregler verwendet wird, und dass die überflüssige Spannung von einem ca. 39 Ω bis 47 Ω (0,25 W)-Vorwiderstand abgefangen wird.

Die meisten handelsüblichen LED-Scheinwerfer werden als kompakte Leuchtkörper angeboten, bei denen nur die Betriebsspannung, der Betriebsstrom und die Anzahl der eingebauten Leuchtdioden angegeben sind.

3.2 LED-Ketten

3

Die Länge einer LED-Kette hängt von zwei Faktoren ab: die Versorgungsspannung muss verständlicherweise der Summe der einzelnen LED-Spannungen entsprechen und alle angewendeten Leuchtdioden sollten vor der Montage auf eine einigermaßen ausgewogene Lichtstärke vorselektiert sein.

„Abweichler" unter den LEDs können sowohl rein optisch als auch durch eine Kontrolle der einzelnen *Durchlass-Spannungen* nach *Abb. 3.9* ermittelt und aussortiert werden. Die Ansprüche auf ausgewogene Parameter können abhängig von der Art der Anwendung unterschiedlich sein. Insofern die individuelle *Durchlass-Spannung* eine Erhöhung von maximal ca. 5 bis 10% gegenüber dem vorgegebenen Nennwert (U_F) aufweist (wie in dem Beispiel aus *Abb. 3.9* aufgeführt ist), stellt sie für kleinere LEDs keine ernsthafte Bedrohung der Lebenserwartung dar.

Bei größeren superhellen LEDs (ab ca. 1 Watt Leistung) sollten bei der Vorselektion für eine Reihenschaltung höhere Ansprüche auf die Ausgewogenheit der ermittelten *Durchlass-Spannungen* gestellt werden, wenn ein Dauerbetrieb vorgesehen ist. Zudem ist in dem Fall der Betriebsstrom der Kette ca. 5 bis 7% unterhalb des offiziellen „I_F" einzustellen.

Längere LED-Ketten können in mehrere Sektionen nach *Abb. 3.10* eingeteilt werden, wenn andernfalls die Versorgungsspannung zu hoch geraten würde.

3

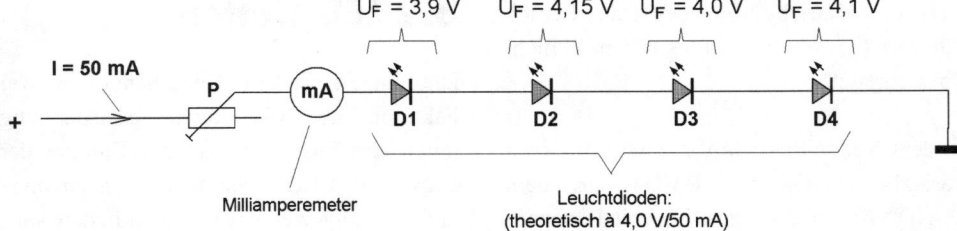

Abb. 3.9 Bei der Vorselektion können die Leuchtdioden provisorisch zu kurzen Ketten verbunden werden, um ihre *„Durchlass-Spannungen"* einzeln messen zu können.

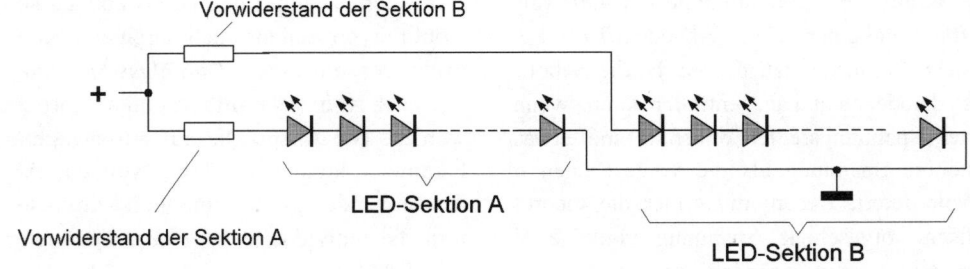

Abb. 3.10 Bei längeren LED-Ketten kann die Spannungsversorgung in Sektionen erfolgen

3.3 LED-Flächen

Bei LED-Flächen fallen Unterschiede in der Lichtstärke einzelner Leuchtdioden stärker auf als bei anderen Konfigurationen. Daher verdient die Vorselektion der LEDs entsprechend mehr Aufmerksamkeit – es sei denn, die gelieferten LEDs wurden bereits beim Hersteller vorselektiert.

Die Länge der einzelnen LED-Ketten hängt von der vorgesehenen Versorgungsspannung ab. Mit der Länge der LED-Kette wachsen die Ansprüche auf eine gute Vorselektion der LEDs. Wie bei einer jeden normalen Kette gilt auch hier das Prinzip, nach dem das schwächste Glied die Qualität der Kette (in diesem Fall ihre Lichtstärke) bestimmt.

Wenn Vorwiderstände erforderlich sind, sollte nach *Abb. 3.11a* jede der Ketten einen eigenen Vorwiderstand erhalten (um den LED-Strom jeder Kette einzeln genauer einstellen zu können). Wird die Betriebsspannung exakt auf den ermittelten Bedarf der Leuchtdioden abgestimmt, können zusätzliche Querverbindungen kürzerer LED-Sektionen nach *Abb. 3.11b* die Ausgewogenheit der Lichtstärke verbessern – vorausgesetzt, die LEDs sind gut vorselektiert.

3.4 LEDs in Fahrzeugen

Leuchtdioden haben als „Lichtquellen für Fahrzeuge" u.a. den großen Vorteil, dass sie im Allgemeinen eine höhere Lebenserwar-

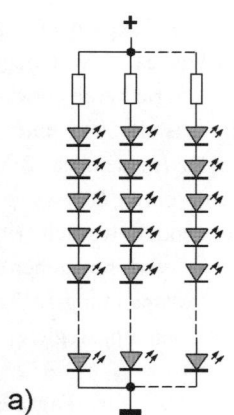

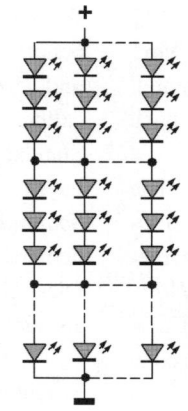

a)   b)

Abb. 3.11 Verschaltung der LEDs zu LED-Flächen: a) mit Vorwiderständen; b) ohne Vorwiderstände und mit Querverbindungen

tung haben als die Fahrzeuge selbst. Zudem arbeiten sie energiesparender als alle herkömmlichen Auto-, Motor- oder Fahrradglühlampen. Daher werden sie in den kommenden Jahren zunehmend in allen Fahrzeugen überall dort eingesetzt, wo ihre Lichtstärke erlaubt, dass sie die traditionellen Glühlampen ersetzen. Bei dem heutigen Stand der Technik kommen dafür z. B. Bremslichter, Parklichter, Blinker, Innenbeleuchtung in Frage. Bei Fahrrädern werden gegenwärtig Leuchtdioden als Rücklichter verwendet.

> **Unser Tipp:** Bevor Sie auf diesem Gebiet mit dem Experimentieren anfangen, erkundigen Sie sich beim Autozubehör- und Fahrradhandel, welche Leuchtdioden-Fertigbauteile jeweils bereits erhältlich sind. Das kann Ihnen so manches Anliegen erleichtern.

Und bitte nicht vergessen, dass die sogenannte „Nennspannung" einer jeder Batterie (und somit auch einer Autobatterie) von dem jeweiligen Ladezustand abhängig ist. Die „Betriebsspannung" einer Autobatterie variiert zwischen ca. 11,5 und 13,5 Volt (je nachdem, wie oft z. B. das Anlassen erfolgte, ohne dass die Batterie nachgeladen wurde).

Da Leuchtdioden gehobene Ansprüche auf eine optimale Spannung stellen (was bereits im Kap. 2 ausführlich erklärt wurde), ist es sehr ratsam, dass sie bei einem Batteriebetrieb ihre Stromversorgung über einen Spannungs- oder Stromregler beziehen.

Stromregler gehören nicht zu den gängigsten handelsüblichen Bausteinen, sind zudem ziemlich teuer und lassen sich im Selbstbau nicht gerade schnell und einfach erstellen. *Spannungsregler* – darunter vor allem Festspannungsregler – sind dagegen sehr preiswert, funktionieren auf Anhieb und die Anwendung (der „Mini-Selbstbau") beinhaltet keine Stolpersteine.

Einfachere Experimente mit preiswerten superhellen Leuchtdioden können unter Umständen auch mit einer *ungeregelten* Spannung vorgenommen werden, die nur mit

3

Hilfe eines Vorwiderstandes nach *Abb. 3.12* auf den erforderlichen Wert reduziert wird. Auf dieselbe Weise können experimentell auch leistungsstarke Leuchtdioden nach *Abb. 3.13* über einen Vorwiderstand an die Autobatterie angeschlossen werden. Die eingezeichnete Kontrollmessung des LED-Betriebsstroms ist jedoch nur für vorübergehende Experimente *im stehendem Fahrzeug* sinnvoll, da andernfalls die LED-Stromabnahme nach einem automatischen Nachladen der Batterie (während der nächsten Autofahrt) gefährlich ansteigen und die LEDs vernichten könnte.

Wesentlich vorteilhafter ist, wenn die Spannungsregelung mit Hilfe eines preiswerten Festspannungsreglers nach *Abb. 3.14* bis *3.18* vorgenommen wird.

Wird eine LED-Versorgungsspannung benötigt, die überhalb von ca. 9 Volt liegt und ist zudem die Autobatterie bereits etwas „altersschwach", sollte anstelle von einem Standard-Spannungsregler (in dem ca. 2 V intern verloren gehen) ein *„Low-Drop-Spannungsregler"* verwendet werden (in dem nur ca. 0,5 bis 1 V verloren gehen). Dies gilt sowohl für Festspannungsregler als auch für einstellbare Spannungsregler.

Möchten Sie mit LEDs ein Fahrrad nachrüsten, bei dem für die Stromversorgung ein Dynamo zuständig ist? Falls Sie technisch gebildet sind, lassen Sie sich ja nicht durch die Bezeichnung „Dynamo" irreführen: Ein *Dynamo* müsste offiziell einen Gleichstrom liefern, aber bei dem Fahrrad-Dynamo handelt es sich um eine

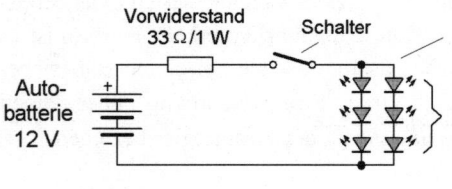

Abb. 3.12 Eine Einstellung der optimalen LED-Spannung – und somit des erforderlichen LED-Stroms – darf an einer Autobatterie mit Hilfe eines Vorwiderstandes nur für informative Experimente vorgenommen werden, da andernfalls beim nächsten Nachladen der Batterie die Batteriespannung zu sehr ansteigen und die LEDs vernichten kann

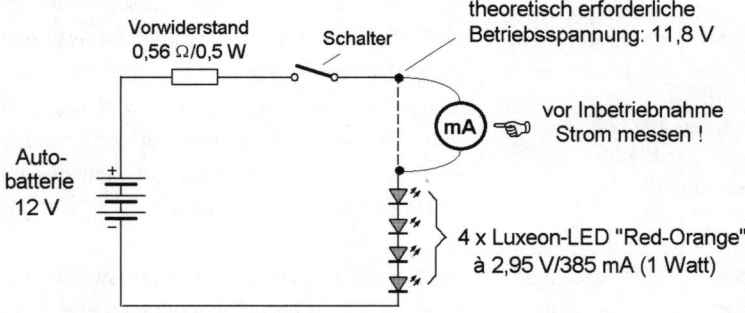

Abb. 3.13 Auch leistungsstarke Leuchtdioden können an die Autobatterie experimentell über einen Vorwiderstand angeschlossen werden

Fehlbezeichnung, denn er liefert einen Wechselstrom.

Mit dem gibt sich zwar – wie bereits im Kap. 2 (*Abb. 2.14*) erläutert wurde – eine LED auch zufrieden, aber mit der Stromregelung wäre es in dem Fall zu kompliziert,

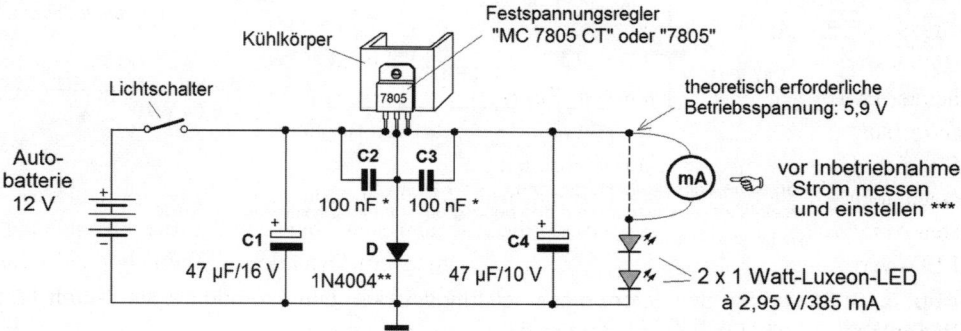

* keramische Scheibenkondensatoren
** vorselektiert (ausgesucht) auf den benötigten Spannungsverlust in der Diode
*** experimentell mittels der Diode D (siehe hierzu Kap. 2.6)

Abb. 3.14 Zwei 1-Watt-Luxeon-LEDs (bevorzugt in der Farbe rot-orange, die einen Lichtstrom von 55 lm aufbringt) können u.a. als Brems- oder Warnlichter angewendet werden; der LED-Strom ist (durch Auswahl der Diode *D*) auf ca. 350 bis 365 mA einzustellen

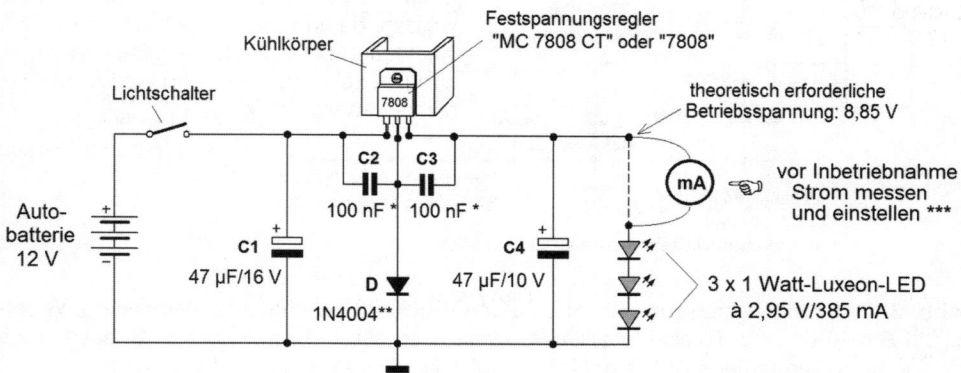

* keramische Scheibenkondensatoren
** vorselektiert (ausgesucht) auf den benötigten Spannungsverlust in der Diode
*** wie bei der Abb. 3.14

Abb. 3.15 Auch bei diesem LED-Trio sollte der LED-Strom nur auf ca. 350 bis 365 mA eingestellt werden

3

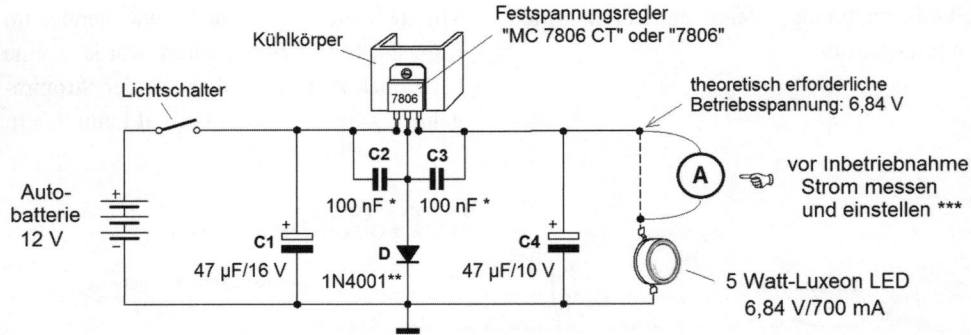

* keramische Scheibenkondensatoren
** vorselektiert (ausgesucht) auf den benötigten Spannungsverlust in der Diode
*** wie bei der Abb. 3.14

Abb. 3.16 Stellen Sie den Strom dieser leistungsstarken Leuchtdiode für die 5-Watt-LED „schonend" nur auf ca. 640 bis 660 mA ein

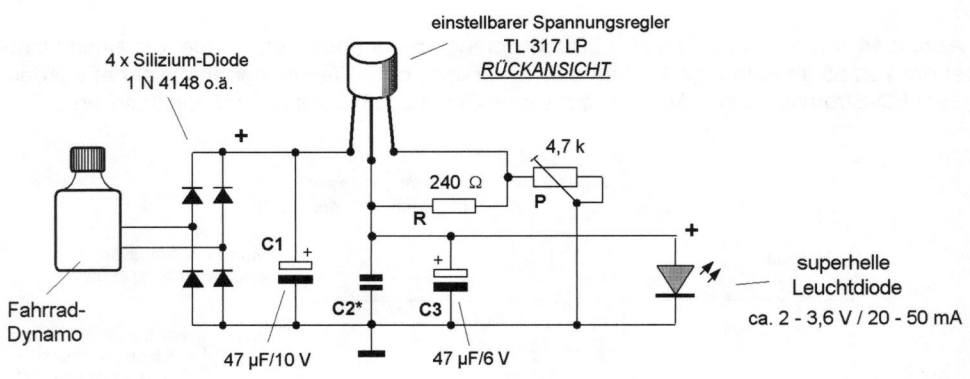

* keramischer Scheibenkondensator 100 nF bis 220 nF

Abb. 3.17 Spannungsregelung für eine Fahrrad-Rücklicht-Leuchtdiode; Bemerkung: Widerstand R (240 Ω) ist z. B. als Metallfilm-Widerstand erhältlich, kann jedoch z. B. auch durch zwei in Reihe verbundene 120-Ω-Kohleschicht-Widerstände ersetzt werden.

weil die Dynamo-Spannung von seiner Drehzahl abhängt und zwischen 0 und ca. 6,5 Volt pendelt (je nachdem, wie schnell gerade gefahren wird).

Eine einfache Lösungsmöglichkeit zeigt **Abb. 3.17:** ein Mini-Brückengleichrichter – der sich in diesem Fall aus vier beliebigen 100 mA-Universaldioden zusammensetzt –

3

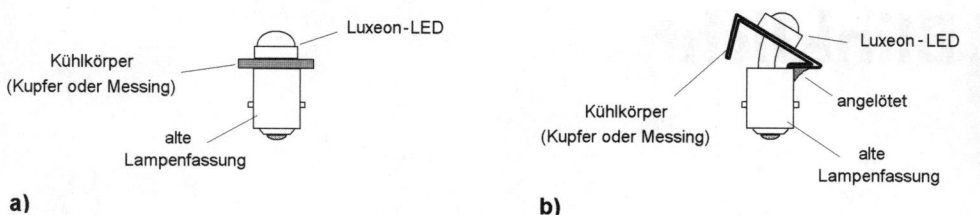

Abb. 3.18 Leuchtdioden lassen sich bei Bedarf auch in alte Fahrzeug-Lampenfassungen – entweder gerade nach a) oder schräg nach b) – einlöten und können somit z. B. in bestehende Bremslichter eingesetzt werden (die Betriebsspannung muss jedoch in der Zuleitung auf den erforderlichen Wert reduziert werden)

liefert einen pulsierenden Gleichstrom an einen kleinen einstellbaren Spannungsregler, dessen Ausgangsspannung mit dem Potentiometer P auf den erforderlichen Wert eingestellt werden kann. Der Widerstand R (240 Ω) ist z. B. als 1/4 Watt-Metallschicht-Widerstand erhältlich, kann jedoch alternativ u. a. auch durch zwei in Reihe verbundene 120 Ω-Kohleschicht-Widerstände ersetzt werden.

4 Blinklicht

Ein blinkendes Licht ist auffallender als konstantes Licht und eignet sich daher vor allem für warnende Signale oder Anzeigen. Für ausgesprochene Werbeanzeigen oder als Party-Gag ist ein blinkendes Licht im Prinzip nur dann angebracht, wenn es entweder jeweils nur von kurzer Dauer ist oder wenn es in Zusammenhang mit einem sehr kurzen Hinweis (kurzen Wort) angewendet wird. Ansonsten ist ein blinkendes Licht beim Lesen eines längeren Wortes oder bei einer länger dauernden Beobachtung eher störend.

Kräftiger blinkende Lichter – wie sie z. B. in Discos gehandhabt werden – wirken sich auf das Wohlbefinden erwachsener (und nüchterner) Menschen nicht ausgesprochen wohltuend aus. Sie sollten daher z. B. bei privaten Partys bestenfalls nur mit entsprechendem Gefühl für Proportionen angewendet werden oder – was viel besser ist – anstelle von blinkenden Lichtern lieber bunte Lichteffekte bevorzugen, bei denen sich die Lichter nicht sprungartig abwechseln, sondern fließend ändern (siehe hierzu Kap. 6).

4.1 Multivibrator als Blinker

Im Kap. 1.3 *(Abb. 1.22/1.23)* haben wir bereits gezeigt, wie man Blink-LEDs zum Steuern von LED-Ketten verwenden kann, die mit normalen bzw. superhellen LEDs bestückt sind.

Diese Lösung hat den Nachteil, dass *die* fest vorgegebene Blinkfrequenz der angewendeten Blink-LED in Kauf genommen werden muss. Eine zusätzliche Veränderung der Blinkfrequenz ist hier nicht möglich. Abgesehen davon eignet sich für die meisten „Blinkvorrichtungen" wesentlich besser eine der nun folgenden einfachen Selbstbau-Blinkschaltungen.

Der Nachbau der Schaltung aus *Abb. 4.1* ist problemlos. Die Blinkfrequenz kann durch Verkleinerung der Kapazitäten von **C1** und **C2** (auf z. B. 4,7 µF) erhöht, durch Vergrößerung (auf z. B. 47 µF) verlangsamt werden. Anstelle der einen eingezeichneten LED können auch mehrere LEDs in Reihe an jedem der Transistoren angeschlossen werden, wenn dementsprechend die Versorgungsspannung erhöht wird.

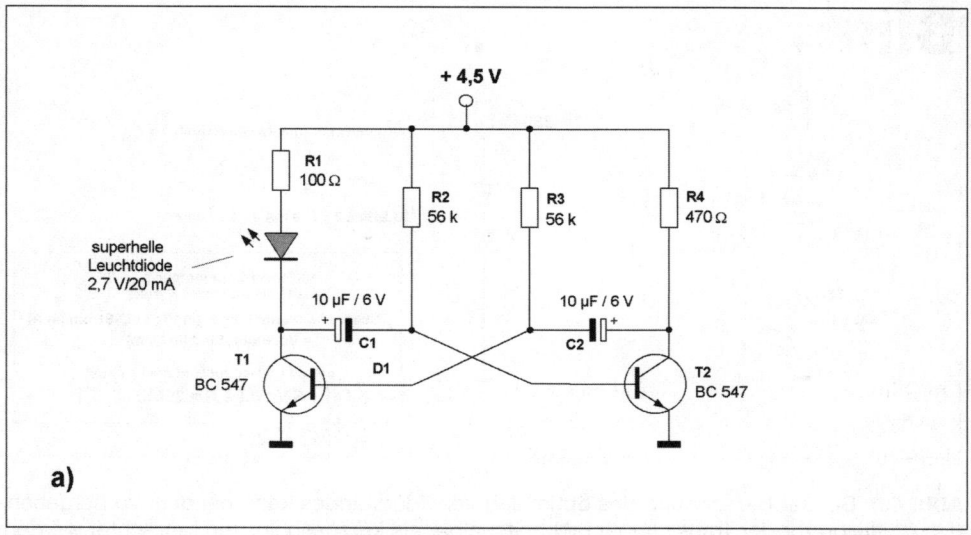

a)

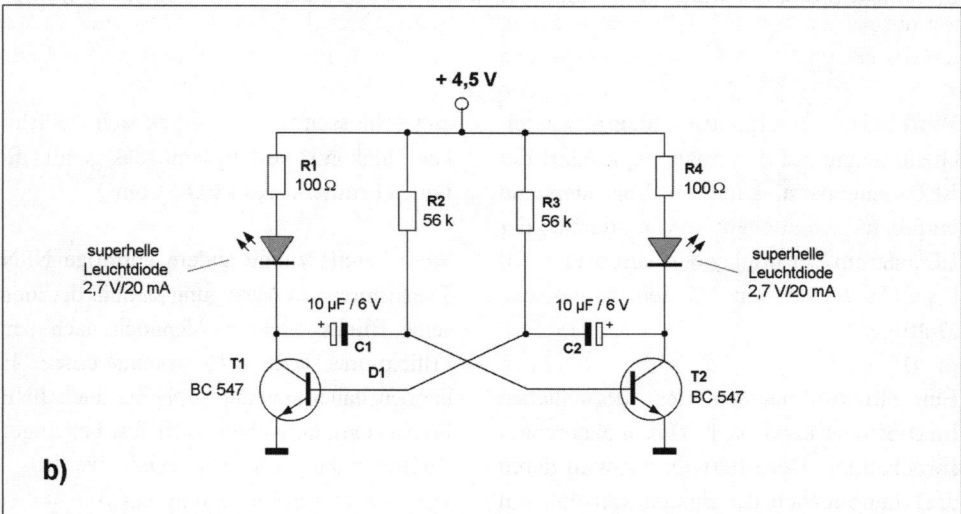

b)

Abb. 4.1 Ein Zweitransistoren-Multivibrator, kann als „Blinker" mit fast allen nur denkbaren „NPN-Transistoren" im Selbstbau erstellt werden: a) mit nur einer blinkenden LED; b) mit zwei, abwechselnd blinkenden, LEDs

Bei der Berechnung des Vorwiderstandes kann man einfachheitshalber den „zugehörenden" Transistor als nicht existent betrachten – wie in dem Beispiel aus *Abb. 4.2* gezeigt wird – da in ihm nur eine geringfügige Verlustspannung entsteht.

4

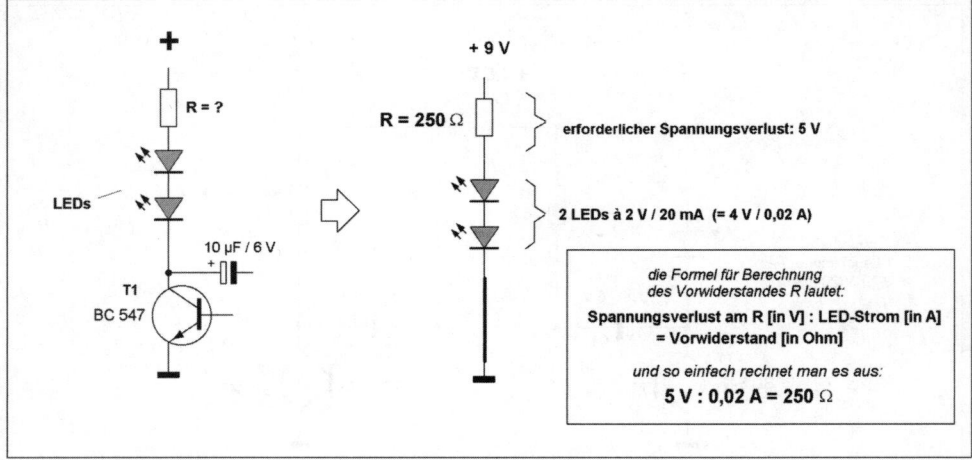

Abb. 4.2 Bei der Berechnung des optimalen Vorwiderstandes kann bei dem vorhergehenden Multivibrator der Transistor einfachheitshalber als kurzgeschlossen betrachtet werden

Wird die Versorgungsspannung ausreichend genau auf den Spannungsbedarf der LEDs angepasst, kann der Vorwiderstand entfallen. Abgesehen davon dürfte der LED-Strom bei blinkenden LEDs etwa 20 bis 30% höher sein als der theoretische „I_F".

Eine Kontrollmessung des tatsächlichen LED-Stroms kann nach *Abb. 4.3* durchgeführt werden. Der Multivibrator wird durch das Unterbrechen der Spannungszufuhr zu einem der Transistoren gestoppt, wonach nur eine der LEDs (oder LED-Reihen) ununterbrochen leuchtet. Länger leuchtende LEDs verkraften jedoch nicht einen evtl. auf das Blinken angepassten überhöhten Strom. In dem Fall ist es vorteilhafter, wenn parallel zu einem der Kondensatoren (C1 bzw. C2) jeweils vorübergehend ein größerer Kondensator (ca. fünffache Kapazität)

angeschlossen wird, wodurch sich das Blinken „hinkend" verlangsamt (das genügt für flottes Ermitteln des LED-Stroms).

Wem bereits einige andere vorrätige NPN-Transistoren zur Verfügung stehen, der kann seine Blinkvorrichtung dennoch nach dem Prinzip aus *Abb. 4.1* zusammenlöten. Es können dabei sowohl NPN- als auch PNP-Transistoren beliebiger (oder fast beliebiger) Parameter und Größen verwendet werden.

Die angewendeten Transistoren müssen allerdings den LED-Strom (I_F) der LEDs verkraften können, die an Ihre Kollektoren angeschlossen sind. Leuchtdioden, deren Betriebsstrom weniger als **100 mA** beträgt, können praktisch bedenkenlos auch von den kleinsten „bipolar-Standard-Transistoren" betätigt werden. Für kräftigere Leuchtdioden oder für mehrere parallel verbundene

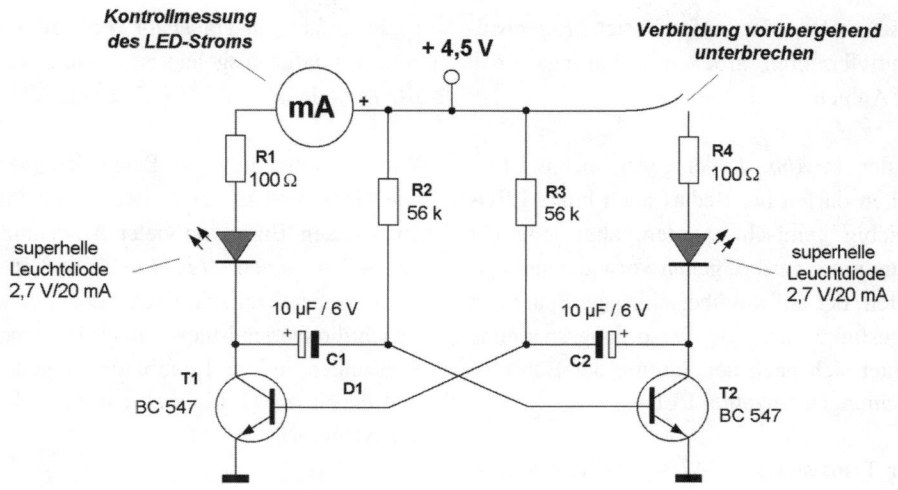

Abb. 4.3 Kontrollmessung des LED-Stromes

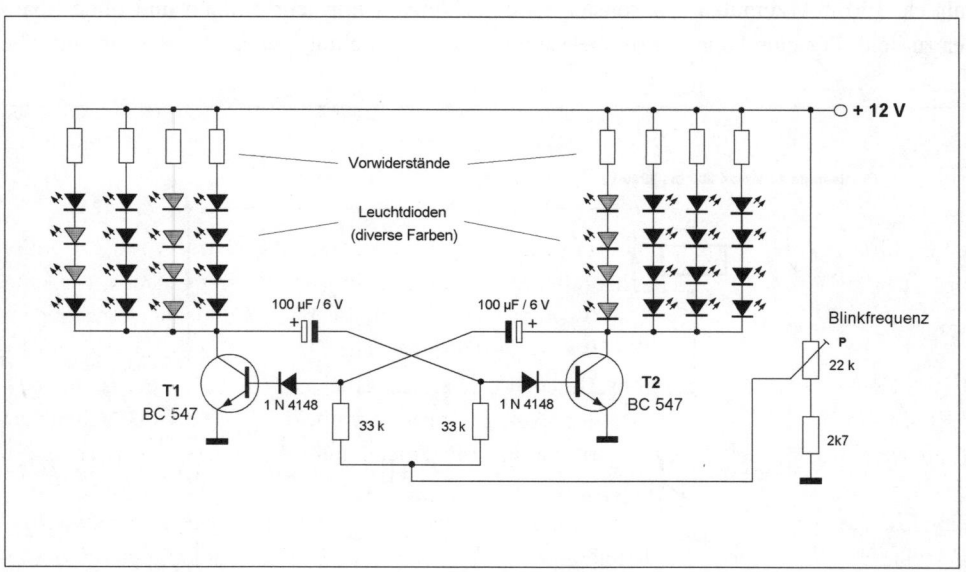

Abb. 4.4 Schaltung eines Multivibrators mit regelbarer Blinkfrequenz

Leuchtdioden-Ketten sind einfach entsprechend leistungsstärkere Transistoren anzuwenden. Wenn der Kollektorstrom „I_C (A)" und die max. zulässige „Anschluss-Spannung" (die z. B. in den meisten Versandhaus-Katalogen als „U_{CE0}" oder „V_{CE0}" angegeben werden) stimmen, darf man alle weiteren Parameter im Prinzip außer Acht

4

lassen. Die hier aufgeführten Eigenbau-Multivibratoren arbeiten erfahrungsgemäß auf Anhieb.

In den in *Abb. 4.4* eingezeichneten LED-Ketten dürfen bei Bedarf auch bunte LEDs beliebig gemischt werden, aber jede der Kette muss einen eigenen Vorwiderstand erhalten, der auf die überschüssige Spannung abgestimmt ist. Die Versorgungsspannung richtet sich nach der Summe der Betriebsspannungen einzelner LEDs.

Der Transistor BC 547 verkraftet maximal einen „LED-Strom" von theoretisch 200 mA. Praktisch sollte man ihm nicht mehr als ca. 150 mA zumuten – ansonsten wird er zu heiß. Für eine höhere Strombelastung

muss einfach ein Transistor verwendet werden, der dafür ausgelegt ist – wie z. B. der *BC 141* oder *BC 327 (1A-Typen)* u. Ä.

Wir haben nun an vielen Beispielen gezeigt, wie einfach es ist, eine Idee in die Praxis umzusetzen. Eines von vielen Anwendungsbeispielen zeigen *Abb. 4.6* bis *4.8* in der Form einer vollständigen Lösung: Die Leuchtdioden sind hier einfach in passende Bohrungen in die Frontplatte eingedrückt und an einem Multivibrator nach *Abb. 4.7* angeschlossen.

Da es sich in diesem Fall um eine einfache LED-Anzeige handelt, haben wir das Netzteil nur sehr einfach und ohne Spannungsregelung *(nach Abb. 4.8)* gebaut. Die

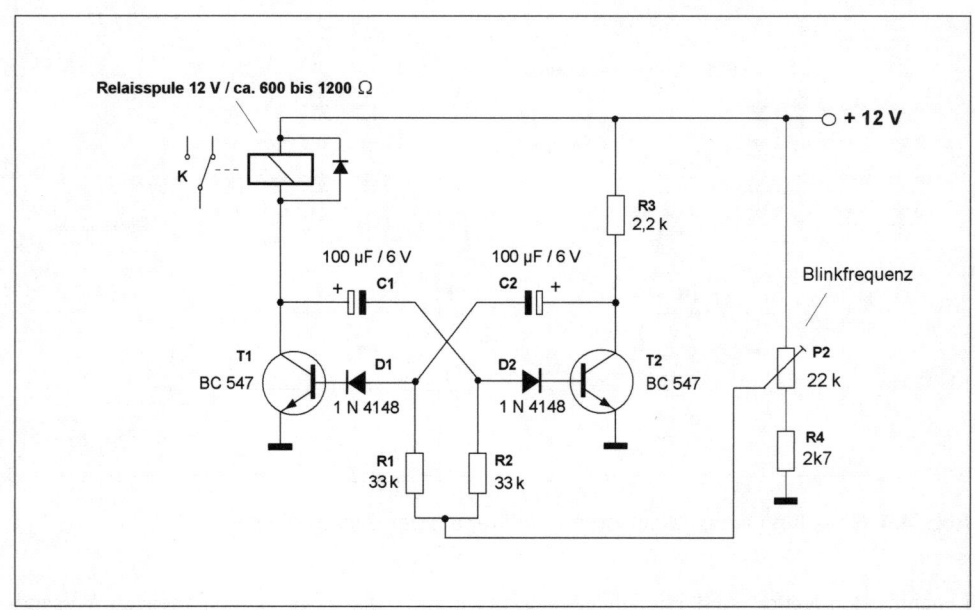

Abb. 4.5 Anstelle einer LED kann der Multivibrator in blinkendem Takt ein Relais betätigen, das über seinen Kontakt K beliebig viele „High-Power-LEDs" – oder auch weitere zusätzliche Vorrichtungen – blinkend schaltet

4

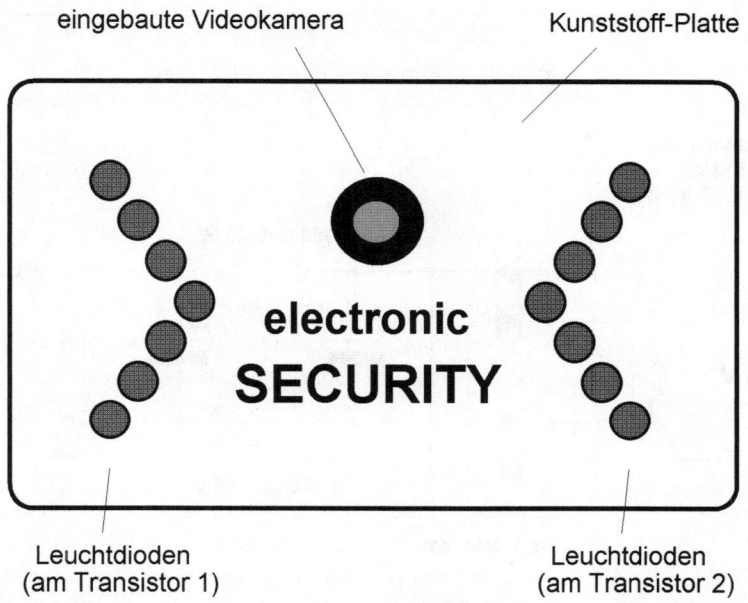

Abb. 4.6 Ausführungsbeispiel eines blinkenden Alarm-Warnschildes, das mit einer Video-kamera Kombiniert ist

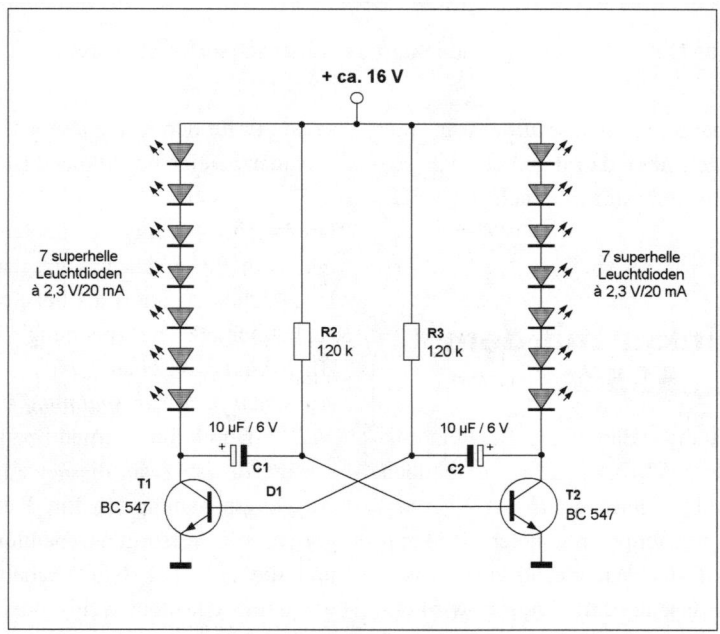

Abb. 4.7 Schaltung des Warnblinkers aus vorhergehender Abb. 4.6

4

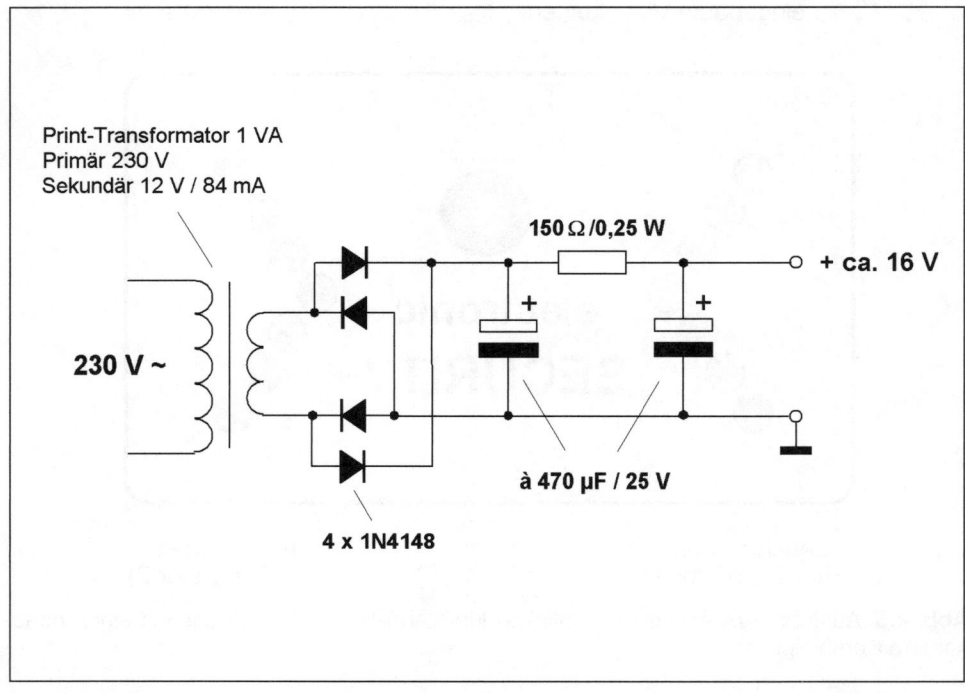

Print-Transformator 1 VA
Primär 230 V
Sekundär 12 V / 84 mA

230 V ~

150 Ω /0,25 W

+ ca. 16 V

à 470 µF / 25 V

4 x 1N4148

Abb. 4.8 Das Netzteil für den Warnblinker aus vorhergehender Schaltung

Ausgangsspannung ist somit zwar nur grob geglättet, aber damit geben sich sowohl der Multivibrator als auch die LEDs zufrieden.

4.2 Blinker mit dem IC „555"

Der eigenhändige Bau eines Blinkers mit dem IC „NE 555" (bzw. „555") ist einfach und problemlos – wie aus *Abb. 4.9* hervorgeht. Der Einstellpotentiometer **P** kann durch einen festen Widerstand ersetzt werden. Die gewünschte Blinkfrequenz wird experimentell eingestellt (kleinerer Widerstand = schnelleres Blinken und umgekehrt). Das-

selbe gilt für den Kondensator **C**, der für den Frequenzbereich bestimmend ist.

Die in *Abb. 4.9* eingezeichneten LEDs werden vom Pin 3 des ICs geschaltet. Dieses IC-Füßchen ist quasi als der Schaltausgang zu betrachten. Die Spannung kippt hier im Blink-Takt zwischen *„high"* und *„low"* *(zwischen positiver Spannung und „in etwa Null")*. Durch die internen Spannungsverluste im IC ist zwar die jeweilige positive Ausgangsspannung am Pin 3 etwas niedriger als die Versorgungsspannung des ICs, und die „in etwa Null"-Schaltposition ist wiederum ein klein wenig positiver als die „echte" Masse (was hersteller- und typenabhängig bei diesen Timer-ICs etwas variiert).

4

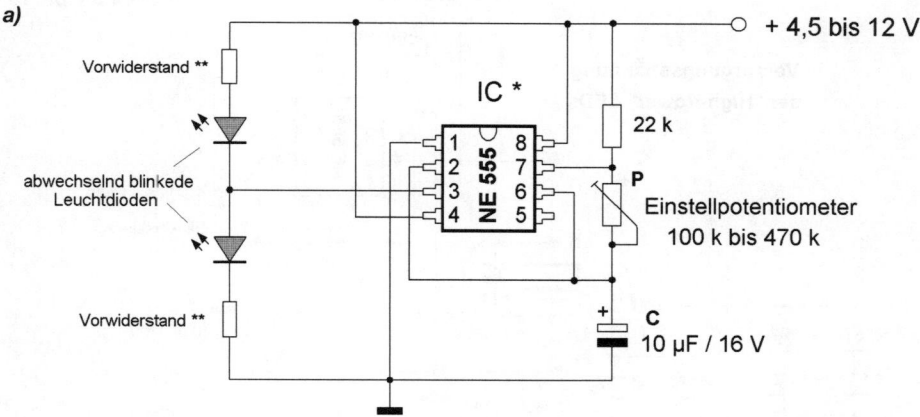

a)

* beliebiges Timer-IC der Type "555" oder "ICM 7555"

** siehe hierzu Abb. 2.4

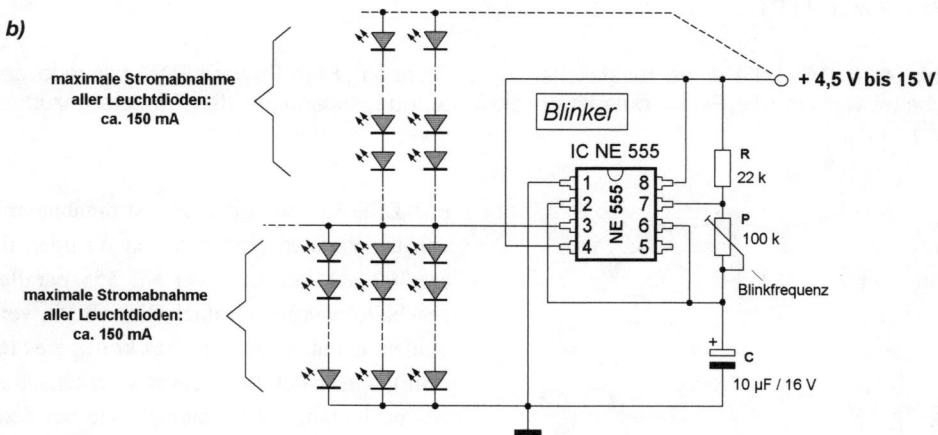

b)

Abb. 4.9 Schaltung eines einfachen Blinkers mit dem IC NE 555: a) mit zwei LEDs, b) mit mehreren LEDs

Wenn Sie also bei der Spannungsmessung die angesprochenen Abweichungen feststellen, ist trotzdem alles in Ordnung.

Dieses Timer-IC kann über seinen Pin 3 einen Strom von max. 0,2 A (200 mA) schalten. In der Praxis mutet man ihm nicht mehr als ca. 150 mA zu. Die Anzahl der in *Abb. 4.9* eingezeichneten LEDs richtet sich nach dem Betriebsstrom einzelner „LED-Ketten" *(auf dieselbe Weise, wie im vorhergehenden Kapitel bereits ausführlich erläutert wurde).*

4

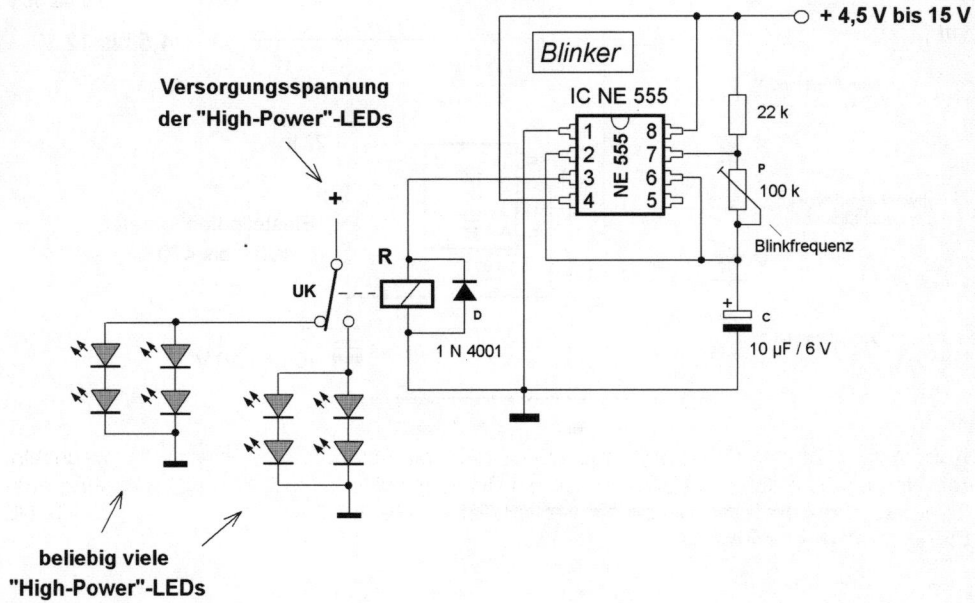

Abb. 4.10 Mit Hilfe eines zusätzlichen Relais können „High-Power-LEDs" blinkend ge-schaltet werden (die Relaisspule ist an die Versorgungsspannung des Blinkers anzupassen)

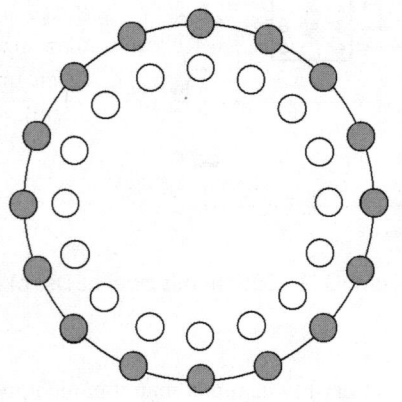

Abb. 4.11 Zwei solche blinkende LED-Kreise können z. B. bei einer Geburtstags- oder Jubiläumsfeier eine Zahl oder ein Bild hervorheben

Für LED-Ketten mit einer Stromabnahme von mehr als ca. 150 mA und weniger als ca. 300 mA können zwei NE 555 parallel geschaltet werden (einfach Pin mit Pin ver-binden, als ob es ein einziges kräftigeres IC wäre). Ansonsten kann ein zusätzliches Re-lais nach *Abb. 4.10* – ähnlich wie bei dem Beispiel aus *Abb. 4.4* – das eigentliche Schalten übernehmen.

Blinker mit dem IC „555"

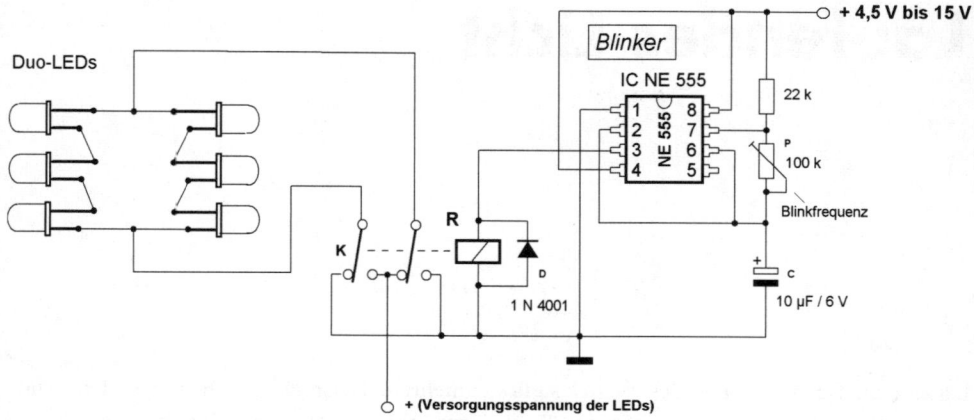

Abb. 4.12 Blinkschaltung mit Duo-LEDs, die polaritätsabhängig ihre Farbe wechseln: Die Magnetspule des elektromagnetischen Relais **R** sollte für eine Betriebsspannung ausgelegt sein, die um ca. 1 bis 2 Volt niedriger ist als die Versorgungsspannung des ICs NE 555

Zu beachten: Zu dem „strapazierfähigen" bipolaren IC NE 555 gibt es ein C-MOS-„Brüderchen" unter der Bezeichnung ICM 7555, das oft als „kompatibel" angepriesen wird. Dieses IC ist jedoch nur insofern kompatibel, als dass es dieselbe Pin-Belegung hat und dass es zudem auch tatsächlich anstelle des bipolaren ICs eingesetzt werden kann, solange sein „Arbeitsausgang" am Pin 3 nicht überstrapaziert wird, von dem nur ein max. Strom von 100 mA bezogen werden darf (im Gegensatz zu der Type „555", dessen Pin 3 für einen Strom von bis zu 200 mA ausgelegt ist).

Hinweis

Um die „high"-Spannung am Pin 3 messen zu können, wird vorübergehend parallel zu dem Elko C ein zusätzliches Elko von ca. 100 bis 470 μF angelötet (damit verlangsamt sich die Blinkfrequenz und man hat ausreichend Zeit um die Spannung zu ermitteln).

5 Laufendes Licht

Unter dem Begriff „laufendes Licht" stellt man sich meist einfachheitshalber eine Reihe von Lampen, die als „Lauflicht" aus (an sich langweiligen) Lichterketten oder ähnlichen Vorrichtungen bekannt sind.

Fürs Experimentieren oder für die Entwicklung von kreativen Anwendungen sollte man im Bilde darüber sein, wie man das Ganze wirklich gut in den Griff bekommt, um auch speziellere Ideen in die Praxis umsetzen zu können. Wir spielen uns daher mehrere Beispiele durch, um in Erfahrung zu bringen, was sich alles mit der Vielfalt der Gestaltungsmöglichkeiten konkret anfangen lässt.

5.1 Mehrstufige Timer-Ketten

Das Timer-IC „NE 555" kennen wir bereits aus Kapitel 4.4 (Abb. 4.9/4.10). Allerdings nicht als Timer, sondern sozusagen „zweckentfremdet" als Taktgeber.

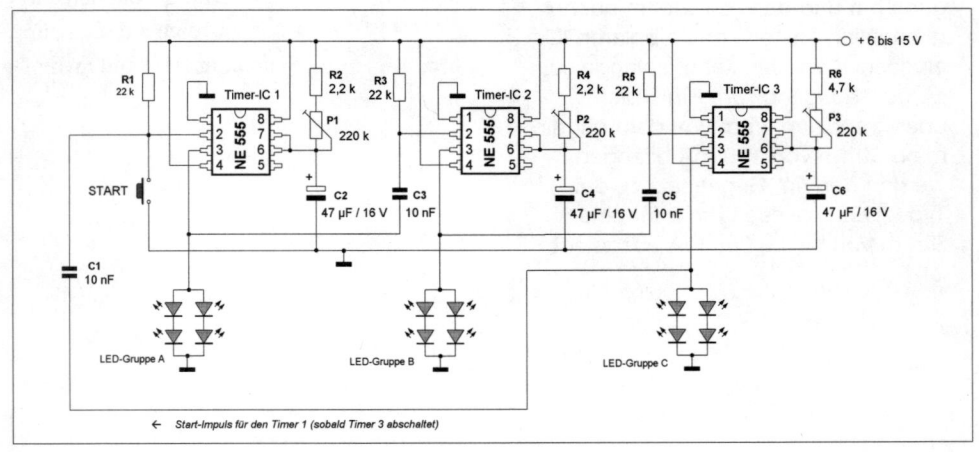

Abb. 5.1 Schaltung eines mehrstufigen Timers, der als Ringzähler ausgelegt ist

Abb. 5.1 zeigt eine dreistufige Timer-Kette, die als ein *Ringzähler* fungiert. Alle Timer sind völlig baugleich. Anstelle der informativ eingezeichneten LED-Gruppen kann jeder Timer selbstverständlich jeweils nur eine einzige LED – oder auch beliebig viele LEDs – betreiben. Falls die Versorgungsspannung nicht auf die LEDs abgestimmt wird, sind zusätzliche Vorwiderstände oder andere „Spannungsschlucker" erforderlich (siehe hierzu Kap. 2).

Zu der Funktion der drei Timer: Ein Timer (ein Zeitschalter) ist ein einfaches Ding, das irgendwann irgendetwas einschaltet, um es nach der eingestellten Zeitspanne wieder abzuschalten.

Auf dieselbe Art arbeitet unsere Timer-Kette. Die mit **P1, P2** und **P3** einstellbaren Zeiten sind jedoch nur sehr kurz (dauern z. B. nur etwa 3/4-Sekunde) und die Schaltung ist als ein *Ringzähler* ausgelegt, in dem sich die „Einschaltimpulse" in einer unendlichen Schleife drehen. In dem Moment, in dem der Timer 1 abschaltet, verhält sich **C3** ähnlich einer **Start-Taste** des Timers 2 und startet diesen Timer. Sein Schaltausgang am **Pin 3** kippt bei diesem Abschalten von „low" auf „high", schaltet die Versorgungsspannung für die LED-Gruppe B ein usw. Als dann Timer 3 „abschaltet", erhält Timer 1 über **C1** einen Startimpuls, die **LED-Gruppe A** leuchtet in dem Moment auf und der ganze Vorgang wiederholt sich (in einer unendlichen Schleife).

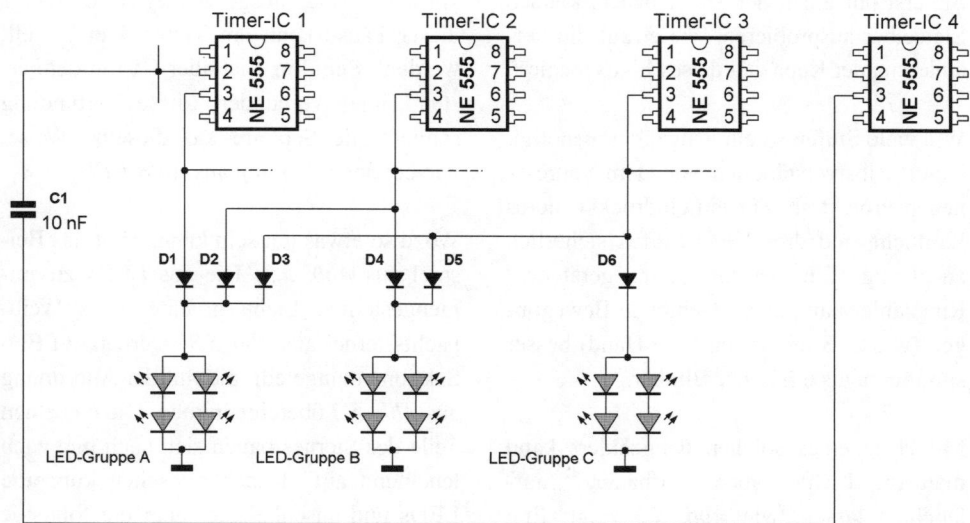

Abb. 5.2 Eine LED-Timer-Kette mit 4 Timern, wovon der letzte Timer 4 nur zum einlegen einer Zwischenpause dient, während der alle LED-Gruppen ausgeschaltet sind; D1 bis D6 = 1N4448 (bis ca. 100 mA) oder 1N4001 bis 1N4004 (für einen Strom von 100 bis 150 mA).

5

Dieser Ringzähler funktioniert im Prinzip ähnlich wie ein Blinker, aber es wechseln sich hier nicht zwei, sondern drei „Lichtquellen" ab. Mit den Einstellpotentiometern (**P1** bis **P3**) können bei Bedarf die einzelnen Einschalt-Zeitspannen unterschiedlich eingestellt werden.

Interessant an diesem Ringzähler ist, dass die Timer-Kette beliebig verlängert werden kann (mit denselben Bauteilen). Pin 3 *des letzten* Timers wird dann über einen 10 nF-Kondensator mit Pin 2 des Timer 1 verbunden – wie wir es in *Abb. 5.2* gemacht haben. Genau genommen darf die Kapazität der Kondensatoren C1, C2 und C5 zwischen ca. 1 nF und 47 nF liegen (auch gemischt). Auch die Kapazitäten der C2, C4 und C6 brauchen nicht eingehalten zu werden (mit P1 bis P3 lässt sich die Zeitspanne einstellen). Wenn Sie erst nur einen der Timer bauen, können Sie selber ausprobieren, wie er auf die Veränderung der Kapazität dieses Elkos reagiert.

Wie viele Stufen so ein Ringzähler benötigt, hängt selbstverständlich von dem vorgesehenen Projekt ab. Für ein eindrucksvolleres Lauflicht sind drei Timer-Stufen sicherlich zu wenig. Ein derartig „kurz geratener" Ringzähler kann aber leuchtende Bewegungen (wie z. B. eine winkende Hand) besser simulieren als ein reiner Blinker.

Mit Hilfe eines solchen Ringzählers kann man die Lichter auch „aufbauend" aufleuchten lassen, wie *Abb. 5.2* zeigt: Erst leuchtet nur die LED-Gruppe A auf, danach leuchtet zusätzlich noch die LED-Gruppe B auf, dann schaltet sich noch die LED-Gruppe C dazu – und in unserem Beispiel schal-

tet schließlich der Timer 4 vorübergehend alles aus. Nach dieser Zwischenpause folgt die nächste Runde usw.

Das Funktionsprinzip ist einfach: In dem Moment, als Timer 1 die Stromzufuhr zu der **LED-Gruppe A** abschaltet, springt Timer 2 ein und führt ihr über **D2** den Strom weiter zu. Gleichzeitig erhält von ihm über **D4** auch die **LED-Gruppe B** Strom, wodurch beide Gruppen leuchten bleiben. Als dritte im Bunde schaltet sich zu den zwei vorhergehenden LED-Gruppen die **LED-Gruppe C** auf dieselbe Weise dazu, sobald Timer 3 aktiviert wird (nun erhalten über Dioden **D3**, **D5** und **D6** alle drei LED-Gruppen ihre Betriebsspannung). Nachdem Timer 3 abschaltet, wird Timer 4 aktiviert. An seinem Pin 3 sind aber keine LEDs angeschlossen und alle Lichter sind daher vorübergehend ausgeschaltet (die Länge dieser Pause kann am Timer 4 eingestellt werden). Sein Pin 3 ist über **C1** mit dem ersten Timer verbunden (diese Verbindung schließt die Schleife auf dieselbe Weise, wie bei der Schaltung aus *Abb. 5.1*).

Wozu so etwas gut sein kann, zeigt das Beispiel aus *Abb. 5.3:* Die aus LEDs zusammengestellten Lichtsegmente eines Weihnachtssternes aus *Abb. 5.3b* werden in LED-Sektionen eingeteilt, die mit der Anordnung aus *Abb. 5.2* übereinstimmen. Die einzelnen Teile des Sternes bauen sich nach und nach leuchtend auf, danach erlöschen kurz alle LEDs und anschließend fängt die folgende Runde an (in einer unendlichen Schleife). Die Reihenfolge des Aufleuchtens verläuft demnach als folgt: **A** – **A+B** – **A+B+C-Pause** – **A** – **A+B** – **A+B+C- Pause** usw.

Auf diese Art lassen sich viele sehr attraktive Figuren konstruieren, die als Party-Gags, als romantische weihnachtliche Lichtdekorationen oder als verspielte Blickfänger ihre Anwendungen finden. Dabei können nach belieben verschiedenste superhellen LEDs mit preiswerten Standard-LEDs kombiniert werden, wenn es die „Sichtweite" erlaubt oder wenn es die „Belebung" eines Ornamentes unterstützt.

Zudem können auch LEDs diverser Größe miteinander kombiniert werden, wie z. B. das Beispiel aus *Abb. 5.3* zeigt. Sollte der Strombedarf einiger Sektionen die 150 mA überschreiten, die das IC NE 555 verkraftet, können evtl. zwei dieser ICs einfach parallel miteinander verbunden werden. Alternativ kann der Timer über ein zusätzliches Relais beliebig große LED-Ketten schalten *(siehe hierzu Abb. 4.10)*.

5.2 Ringzähler-ICs

Zu den bekanntesten „Ringzähler-ICs" gehören die ICs *Type 4024 (Abb. 5.4)* und *4017 (Abb. 5.12)*. Sie funktionieren fast ähnlich, wie die Ringzähler aus *Abb. 5.1* und *5.2*, benötigen jedoch einen zusätzlichen Taktgeber. *Abb. 5.4* zeigt eine einfache Schaltung, in der pro Ringzähler-Schaltausgang jeweils nur eine Low-current-LED verwendet wird.

Den Taktgeber kennen wir bereits aus *Abb. 4.9* und *4.10*. Anstelle des IC „NE 555" könnte hier alternativ auch sein „schlapperes" CMOS-Brüderchen „ICM 7555" verwendet werden. Das arbeitet sogar energiesparender, ist jedoch nicht so strapazierfähig, wie die bipolare Type „NE 555".

Leider ist es die Strapazierfähigkeit der „Schaltausgänge" des ICs 4024 auch nicht gerade umwerfend, denn sie verkraften

5

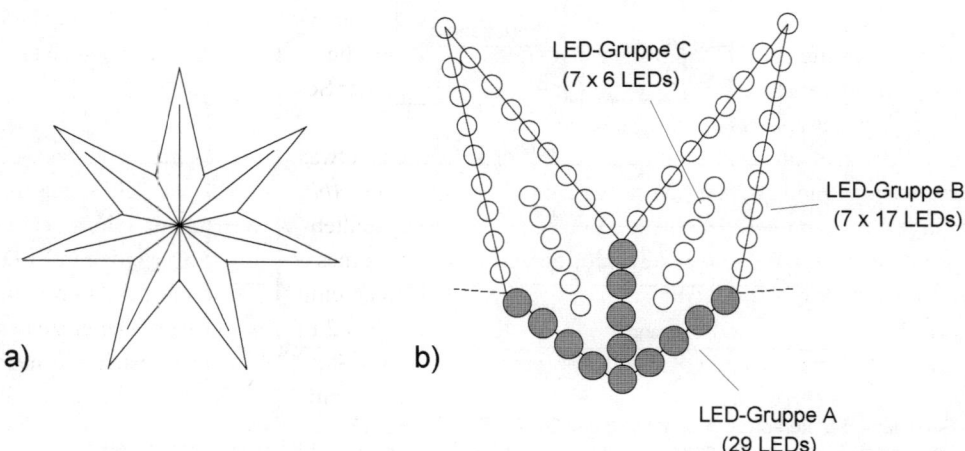

a)   b)

LED-Gruppe C
(7 x 6 LEDs)

LED-Gruppe B
(7 x 17 LEDs)

LED-Gruppe A
(29 LEDs)

Abb. 5.3 Ausführungsbeispiel eines LED-Sterns, der von der Timer-Kette aus *Abb. 5.2* betrieben werden kann: a) Skizze des LED-Sterns; b) Anordnung der einzelnen LED-Sektionen, die sich auf die Schaltung aus *Abb. 5.2* beziehen.

5

höchstens nur einen Strom von 10 mA pro Pin. Fürs Experimentieren oder für eine bescheidene Anwendung kommen daher nur die eingezeichneten Low-current-LEDs in Betracht. Sie dürften allerdings auch als LED-Reihen angeordnet sein, insofern die Stromabnahme pro „Schaltausgang" 10 mA nicht überschreitet.

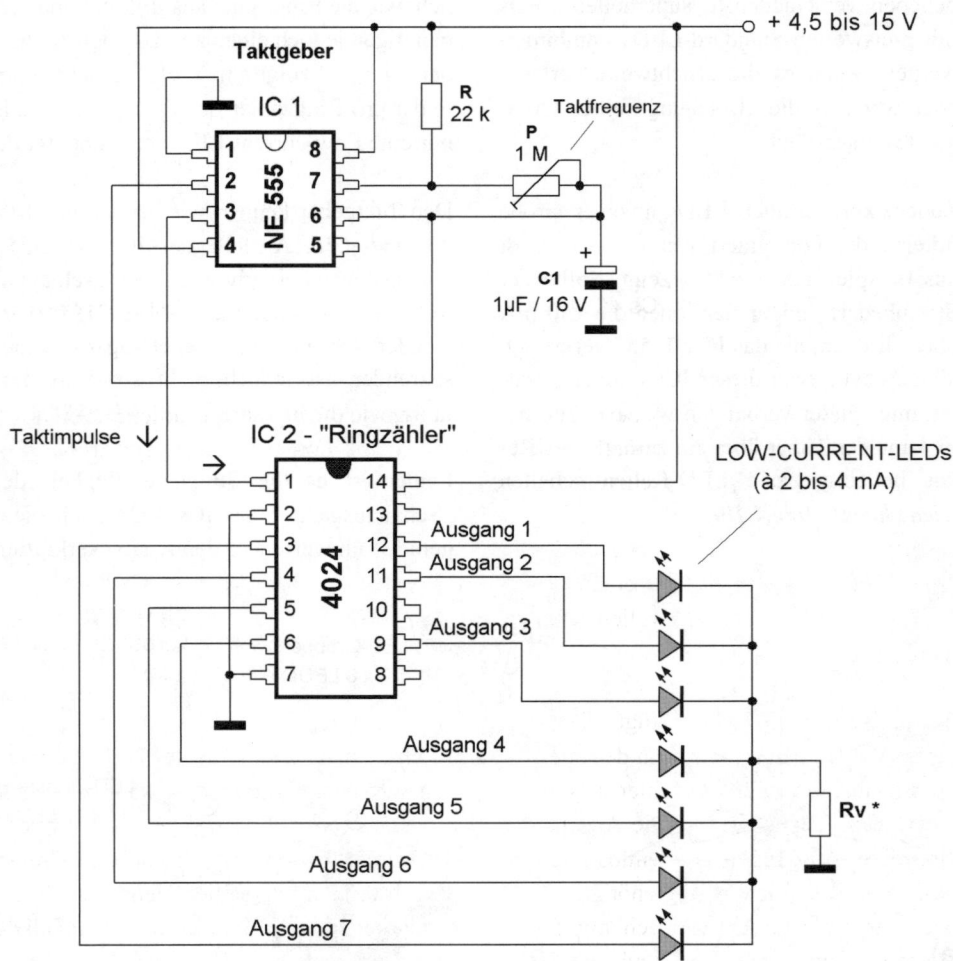

' Bei einer 4,5-V-Versorgungsspannung und 2-mA-LEDs: Rv = 1,2 k
 bei einer 6-V-Versorgungsspannung und 2-mA-LEDs: Rv = 2 k (zwei 1-k-Widerstände in Serie)
 bei einer 9-V-Versorgungsspannung und 2-mA-LEDs: Rv = 3,45 k (2 x 6,8 k parallel)

Abb. 5.4 Eine einfache Ringzähler-Schaltung mit Low-current-LEDs

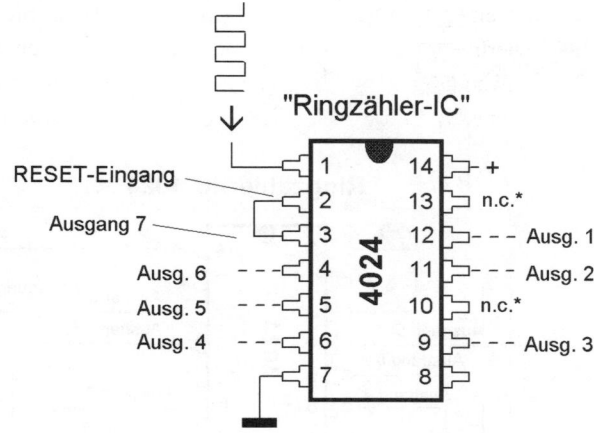

Abb. 5.5 Pin-Belegung des ICs *4024*

* n.c. = nicht angeschlossen

Um auf diese Weise LEDs betreiben zu können, deren Strombedarf mehr als 10 mA beträgt, muss als Zwischenglied ein passender „Treiber" nach *Abb.5.6* zwischen die Schaltausgänge des ICs *4024* und die LEDs eingesetzt werden, der einen Strom von bis zu 40 mA pro Treiberglied schalten kann.

Das preiswerte IC *7407* verfügt allerdings nur über 6 Treibereinheiten. Zu den speziellen Eigenheiten des Ringzähler ICs *4024* gehört, dass der Anwender die Anzahl der Ringzähler-Ausgänge problemlos verringern kann. Der „nicht mehr benötigte" Ausgang wird in dem Fall einfach mit Pin 2 (Reset-Eingang) verbunden und der Ringzähler zählt dann jeweils nur bis zu der vorhergehenden höchsten Stufe (in unserer Beispiel aus *Abb. 5.6* verwenden wir nur 6 Ringzähler-Stufen. Würde man z. B. den Ausgang 4 mit Pin 2 verbinden, dann würde der Ringzähler jeweils nur bis drei zählen

und danach in einer „unendlichen Schleife" jeweils die Stufen (Ausgänge) 1-2-3-1-2-3-1-2-3 usw. durchlaufen.

> **Wichtig:** Nicht angeschlossene Schaltausgänge sollten bei allen ICs grundsätzlich über Widerstände von ca. 4,7 k bis 47 k mit der Masse verbunden werden (jeder Ausgang einzeln).

Möchte man dennoch alle 7 Ringzähler-Schaltausgänge verwenden, kann natürlich u.a. ein zweites IC der Type *4024* verwendet werden. Das muss nicht unbedingt eine Verschwendung darstellen, denn diese Treiber arbeiten sehr kooperativ in Parallelschaltungen. Wenn z. B. diverse LED-Ornamente aus unterschiedlicher Anzahl von LEDs pro Sektion zusammengesetzt sind, können für die kräftiger belasteten Sektionen zwei oder auch mehrere Treiber parallel verbunden werden. Die Strombelastung addiert sich hier im Prinzip sehr ausgewogen.

5

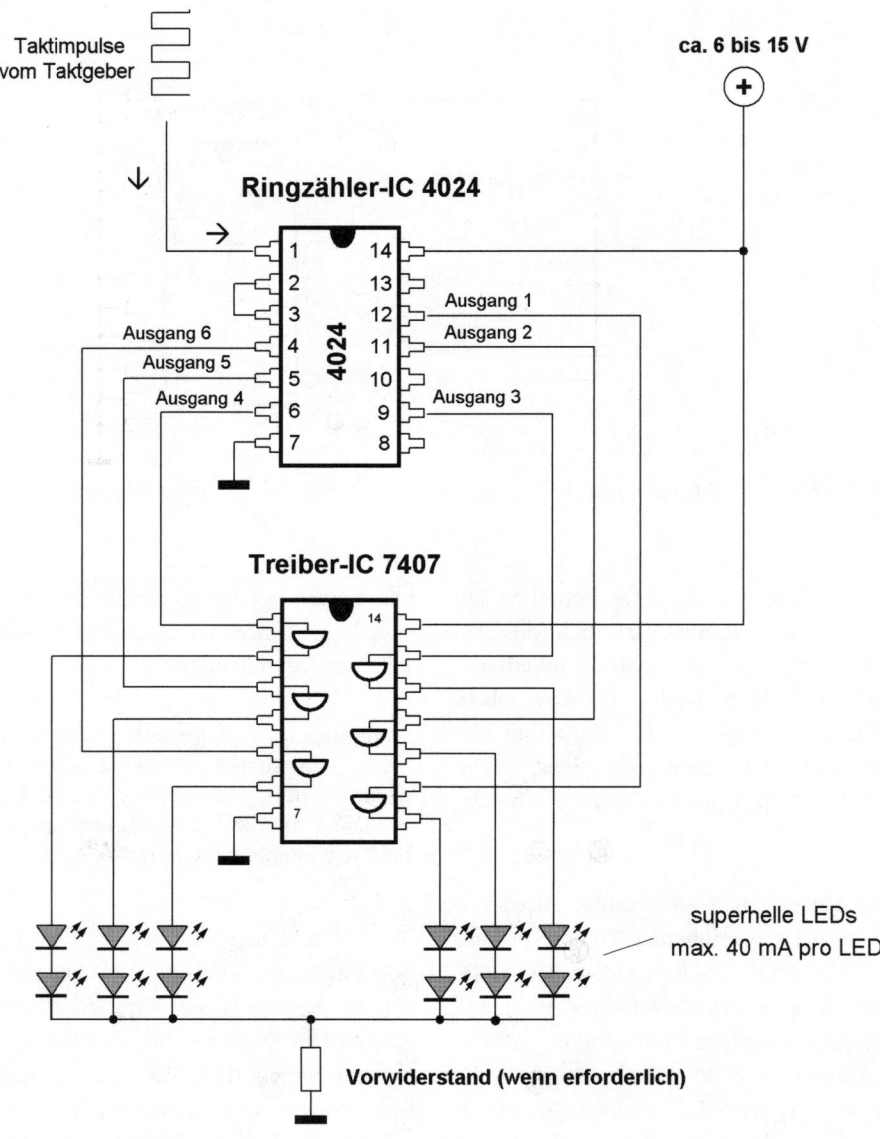

Taktimpulse
vom Taktgeber

ca. 6 bis 15 V
+

Ringzähler-IC 4024

4024

Ausgang 1
Ausgang 2
Ausgang 3
Ausgang 6
Ausgang 5
Ausgang 4

Treiber-IC 7407

superhelle LEDs
max. 40 mA pro LED

Vorwiderstand (wenn erforderlich)

Abb. 5.6 Mit Hilfe des Treiber-ICs *7407* kann ein Strom von bis zu 40 mA „durch-geschaltet" werden

So verkraften z. B. drei Treiber einen Strom von bis zu 120 mA (3 x 40 mA).

Die Aufgabe der Treiber können jedoch auch diverse NPN-Transistoren nach *Abb. 5.7/5.8* übernehmen. Für niedrigere Strom-

5

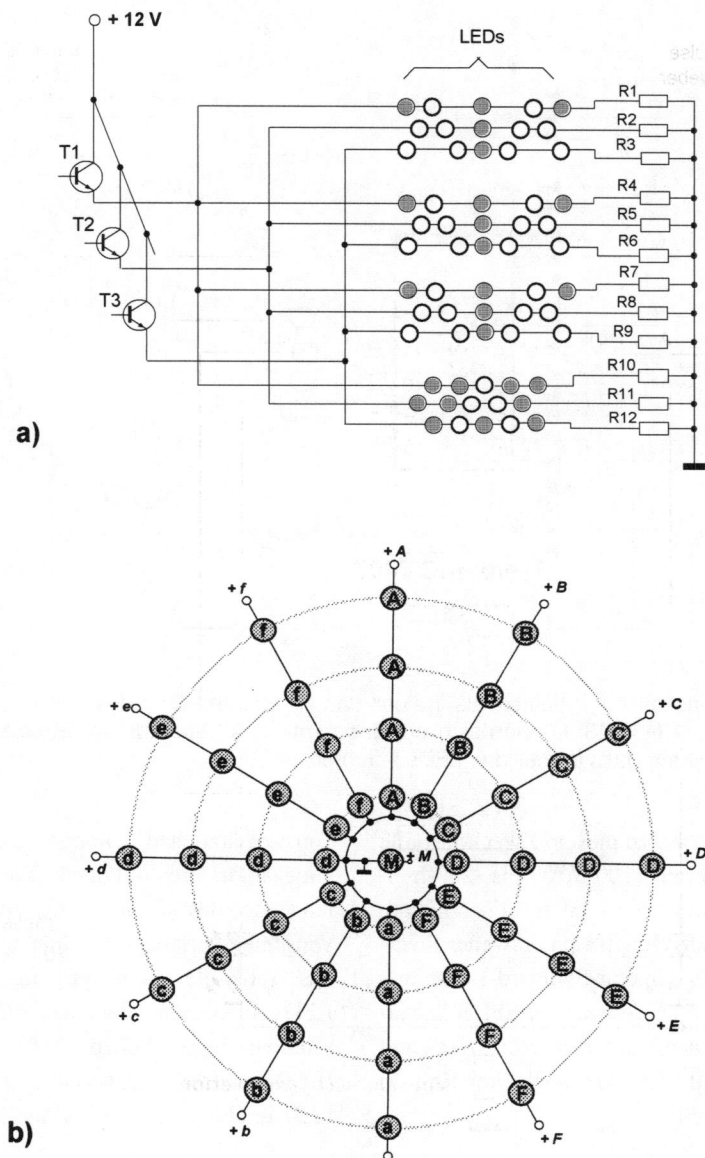

Abb. 5.7 Mit Hilfe von zusätzlichen Treiber-Transistoren können Leuchtdioden-Ketten mit höherer Stromabnahme geschaltet werden (R1 bis R12 sind als „LED-Vorwiderstände" auf den Spannungsbedarf der jeweiligen LED-Ketten abzustimmen) a) elektronische Schaltung, b) Beispiel eines sich in sechs Schritten drehenden Lichtbalkens

5

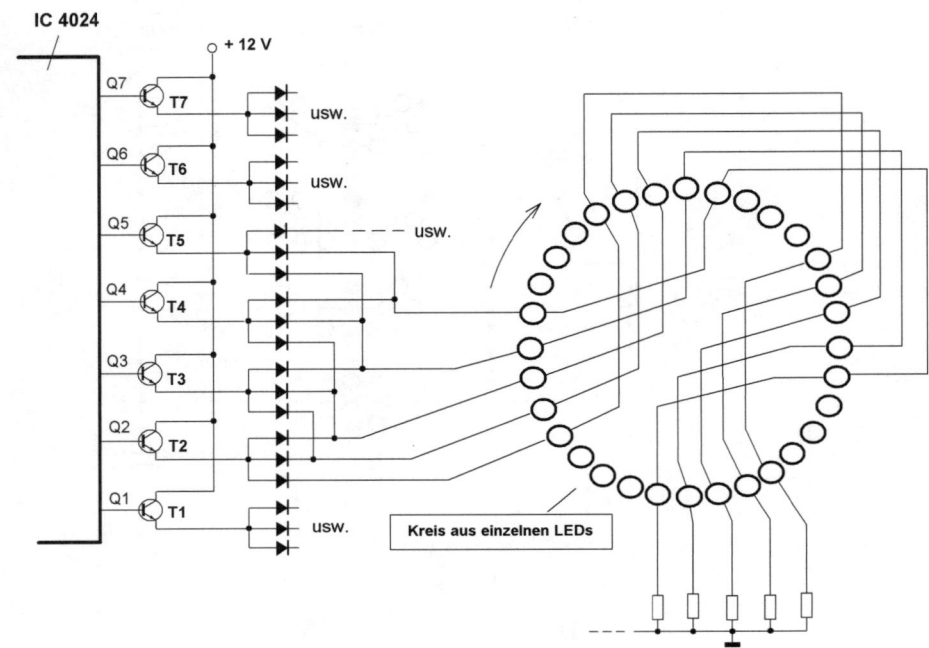

usw.

usw.

usw.

usw.

usw.

usw.

usw.

Kreis aus einzelnen LEDs

Abb. 5.8 Transistoren entlasten als Treiber das Ringzähler-IC und mit Hilfe von zusätzlichen Dioden (1 N 4148) können sich die Segmente des Leuchtdioden-Kreises Schritt für Schritt so drehen, dass immer drei LEDs leuchten

belastung können zu diesem Zweck fast alle Kleintransistoren (100-mA- bis 200-mA-Typen) verwendet werden. Für höhere Strombelastung eignen sich entweder diverse 1 Ampere-„Bipolar-Standard-Leistungstransistoren" oder „Power MOSFET-Transistoren" (N-Kanal) der Type *BUZ 103S* und Ähnliche, auf die wir noch im Kap. 6 zurückkommen.

Abb. 5.8 zeigt eine „Treiberkette", die aus 7 Transistoren *(z. B. der Type BC 107, BC 170, BC 547 usw.)* besteht und drehende „LED-Trios" schrittweise schaltet. Wir konnten bereits in Zusammenhang mit *Abb. 5.2* in Erfahrung bringen, wie man mit Hilfe

von zusätzlichen Dioden die einzelnen Ringzählerstufen mit den LEDs so verschalten kann, das sie genau das tun, was man von ihnen verlangt. Und hier wird verlangt, dass jeder der Schaltausgänge jeweils 12 LEDs so bedient, dass das Ein- und Ausschalten de Sektionen schön schrittweise (LED für LED) so verläuft, dass sich der LED-Kreis quasi wie ein Zahnrad dreht.

Wir haben bei diesem Beispiel übersichtshalber nur die Verbindung des Schaltausganges **Q2** komplett eingezeichnet. Somit kann leichter nachvollzogen werden, dass der darauf folgende Schaltausgang **Q3** das „Zahnrad" jeweils nur um eine LED „weiter dreht".

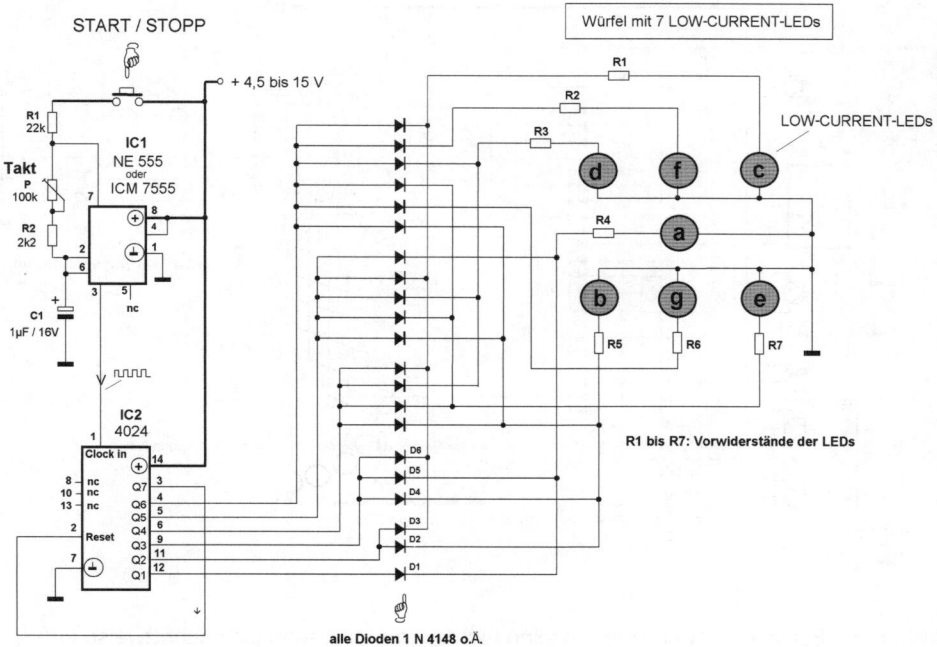

Abb. 5.9 Ein elektronischer Leuchtdioden-Spielwürfel (die beiden ICs sind hier mit den gängigen Schaltzeichen dargestellt (da werden die einzelnen Pins der ICs nicht in der tatsächlichen Reihenfolge eingezeichnet, sondern nur jeweils mit der entsprechenden Pin-Nummer versehen)

Mit Hilfe von zusätzlichen Dioden kann jeder Ringzähler-Schaltausgang (**Q1** bis **Q7**) jeweils genau die LEDs Schalten, die in einer gewünschten Reihenfolge geschaltet werden sollen.

Was darunter zu verstehen ist, erklären wir uns mit Hilfe der Schaltung aus *Abb. 5.9:* Sieben Leuchtdioden stellen einen Spielwürfel dar, der allerdings nicht geworfen, sondern durch einen „blitzschnell" laufenden Ringzähler gesteuert wird. Die beiden ICs sind hier zur Abwechslung mit den gängigen Schaltzeichen dargestellt (da werden die einzelnen Pins der ICs nicht in der tatsächlichen Reihenfolge eingezeichnet, sondern nur jeweils mit der entsprechenden Pin-Nummer versehen).

Solange die START/STOPP-Taste gedrückt bleibt, läuft der Ringzähler derartig schnell, dass man die Bewegung der Lichter gar nicht erfassen kann. Beim loslassen der Taste stoppt der Ringzähler „wahllos" und nur einer der Schaltausgänge bleibt positiv. Abhängig davon, welcher der Ausgänge auf diese „unkontrollierbare" Weise „high" wird, zeigt der Würfel in der Form von leuchtenden Punkten die üblichen Zahlen zwischen 1 und 6 an.

5

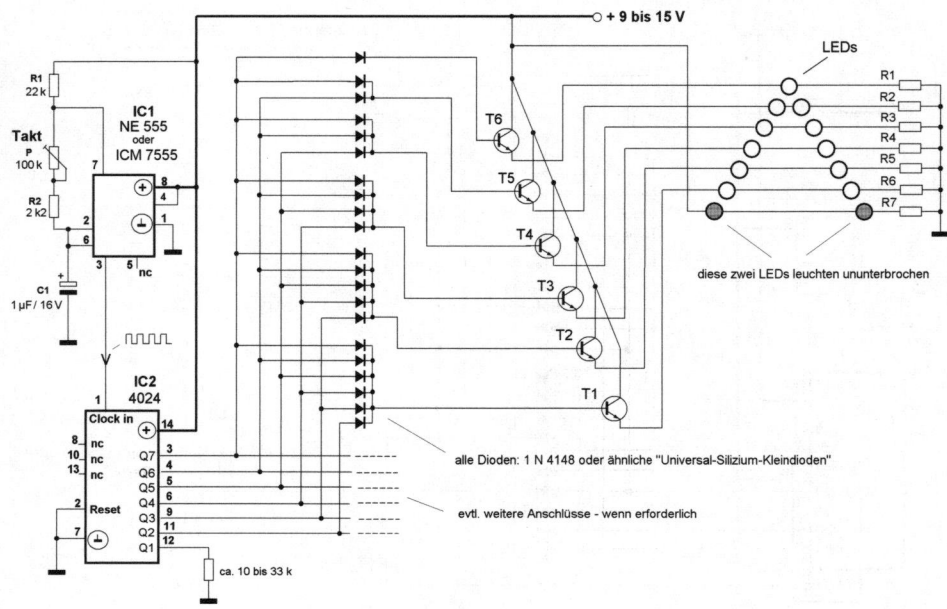

Abb. 5.10 Ein leuchtender Pfeil (einzelne Lichtsegmente bauen sich schrittweise auf)

Sehen Sie sich bitte interessehalber an, wie die Leuchtdiode „**a**" verschaltet ist: Wenn der Ringzähler-Ausgang **Q1 positiv** wird, erhält *nur* Leuchtdiode „**a**" über die unterste Diode **D1** ihre Versorgungsspannung und leuchtet auf. Am Ausgang **Q2** sind zwei Dioden (**D2** und **D3**) angeschlossen: **D2** führt zu der LED „**b**", **D3** zu der LED „**c**". Dieser Schaltausgang ist für die Zahl „**2**" zuständig. Der Schaltausgang „**Q 3**" lässt die Zahl „**3**" (als drei Punkte) aufleuchten usw. Sehen Sie sich bitte genauer an, wie die Verbindungen von den einzelnen Ausgängen des Ringzählers zu den LEDs der Würfel geleitet werden.

Auf eine ähnliche Weise können Sie experimentell alle nur denkbare Einschalt-Reihenfolgen von verschiedenen LED-Mosaik-Steinchen nach Ihrem Gusto auslegen. Zum Schalten von „kräftigeren" Strömen (überhalb von ca. 9 mA) sind zusätzliche Treiber-Transistoren erforderlich, die z. B. nach *Abb. 5.10* ebenfalls über Kleindioden wunschgerecht „aktiviert" werden.

Die relativ einfache Schaltung in *Abb. 5.10* stellt eine Alternative zu dem Schaltbeispiel aus *Abb. 5.2* dar. Die beiden ICs sind hier ebenfalls mit den gängigen Schaltzeichen dargestellt. Die Schaltausgänge **Q2** bis **Q7** schalten einfach nach und nach die höher liegenden LEDs „aufbauend" zu dem ständig leuchtenden unterstem LED-Duo. Das Lauflicht läuft hier seine „Runden" mit einer Unterbrechung, die während einer Impulsdauer am **Q1** entsteht. Anstelle des eingezeichneten Leuchtdioden-Pfeils können

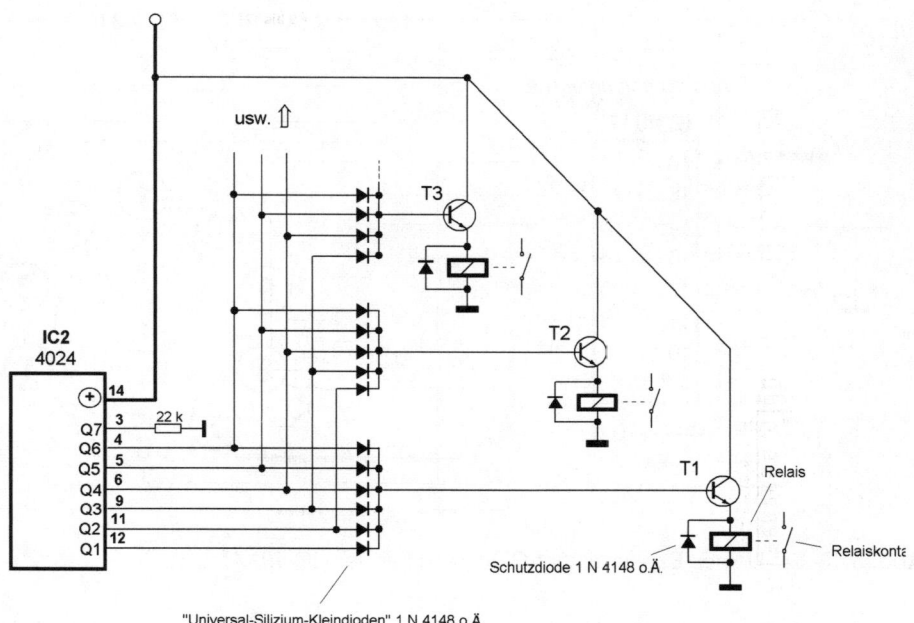

Abb. 5.11 Schalten über Relais (Teilzeichnung)

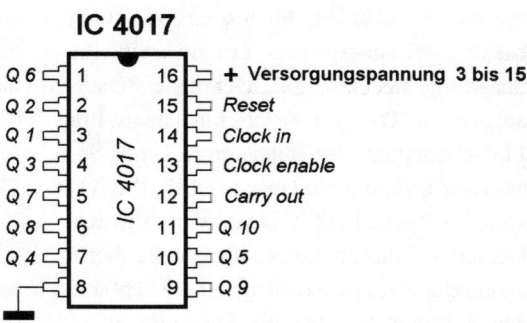

IC 4017

Q 6	1	16	+ Versorgungspannung 3 bis 15
Q 2	2	15	Reset
Q 1	3	14	Clock in
Q 3	4	13	Clock enable
Q 7	5	12	Carry out
Q 8	6	11	Q 10
Q 4	7	10	Q 5
	8	9	Q 9

* typenabhängig bis zu 18 V

Abb. 5.12 Pin-Belegung des Ringzähler-ICs *4017*

*Bitte zu beachten: von den Schaltausgängen Q1 bis Q10 darf
maximal ein Strom von 10 mA (pro Ausgang) bezogen werden*

selbstverständlich beliebige andere Figuren oder kaleidoskop-ähnliche Mosaiken auf diese Art konzipiert werden.

Wenn erforderlich, können das eigentliche Schalten auch Relais *(nach Abb. 5.11)* übernehmen und evtl. über Dioden-Kaskaden

5

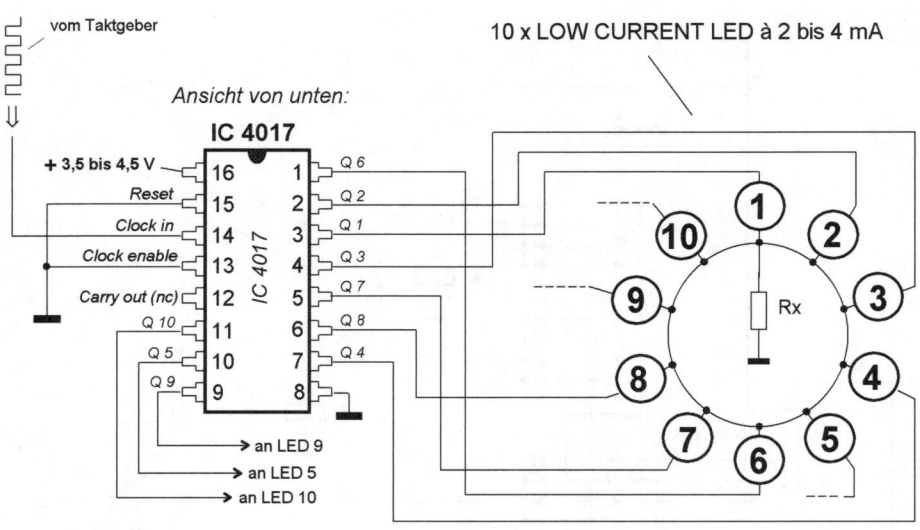

Abb. 5.13 Ein kleines Experimentier-Glücksrad mit dem IC *4017*

aufbauend beliebige Lichter-Konfigurationen schalten. Wir stellen hier ebenfalls nur mit einer Teilzeichnung das eigentliche Prinzip dar, bei dem 6 Relais „aufbauend" zugeschaltet werden. Auch diese Schaltung basiert auf demselben Prinzip wie die Schaltung aus *Abb. 5.2:* Der erste Schaltausgang „Q1" des ICs *4024* (an seinem **Pin 12**) schaltet *nur* das Relais am **T1** ein. Sobald der zweite Schaltausgang **Q2** (**Pin 11**) von „low" auf „high" kippt, springt das Relais am **T2** an und das Relais des **T1** bleibt eingeschaltet. Die Basis des T1 bleibt bei den Schritten von **Q1 bis Q6** unter Spannung (da es bei dem „Schaltsprung" vom **Q1** auf **Q2** zu keiner Spannungsunterbrechung kommt) und schaltet – mit den restlichen LEDs – erst dann ab, wenn der Pausen-Schaltausgang **Q7** aktiviert ist. Der nächste Taktimpuls aktiviert aber wieder **Q1** und **T1**, womit die nächste Runde beginnt usw.

Auf dieselbe Weise, wie das Ringzähler-IC *4024* arbeitet auch das etwas größere IC **4017** *(Abb. 5.12/5.13),* verfügt jedoch über 10 „Schaltausgänge" (die sich bei Bedarf auf dieselbe Weise reduzieren lassen, wie bei dem IC 4024). Der Taktgeber für das kleine Glücksrad aus *Abb. 5.13* kann identisch mit dem aus *Abb. 5.10* sein.

5.3 Glücksräder

Glücksräder gehörten schon immer zu den beliebten Attraktionen bei festlichen Veranstaltungen, Feiern und Kinderfesten. Ein Glücksrad, bei dem superhelle LEDs aufleuchtend „drehen", kann die Faszination einer solchen Verlosung noch mehr steigern. Bei dieser Art der Anwendung ist es jedoch erwünscht, dass sich nach dem „Start" die Drehzahl des Glücksrades langsam verringert und letztendlich zum Stillstand kommt. Dies beinhaltet, dass die Frequenz des Takt-

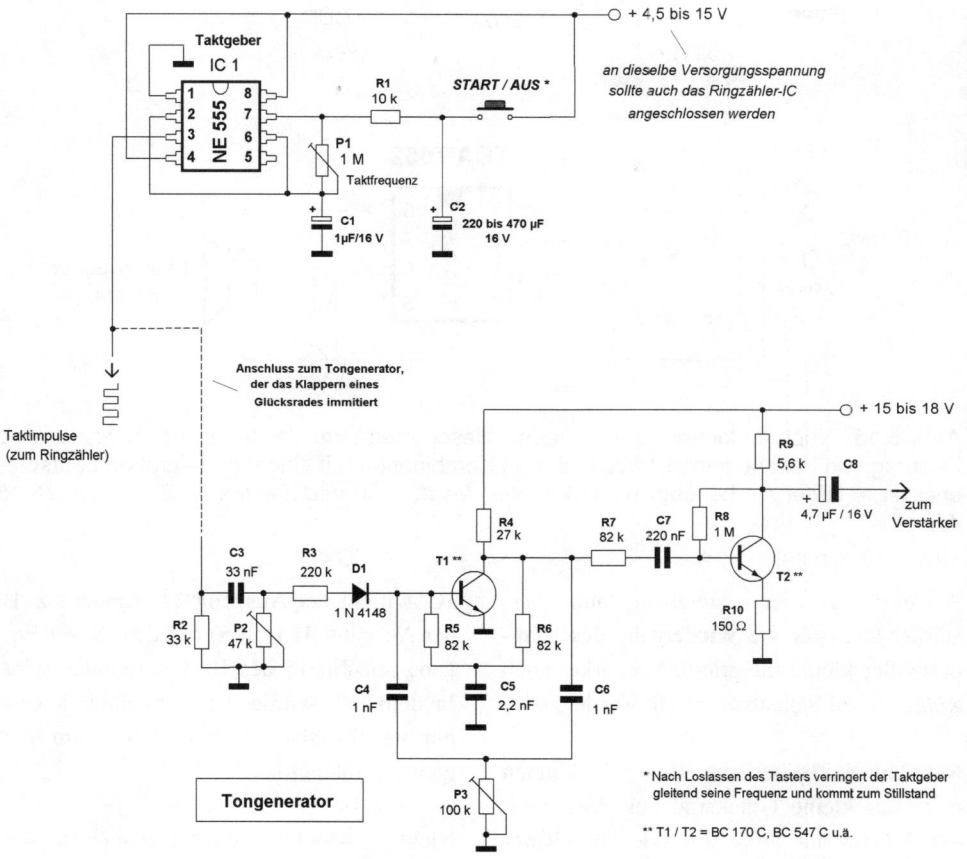

Abb. 5.14 Schaltung eines Taktgebers, dessen Takte als Klappern hörbar sind und somit den Klang eines drehenden mechanischen Glücksrades imitieren

gebers (Oszillators) nach dem Start langsam sinken muss, und dass dieser letztendlich zu oszillieren aufhört.

Diese Anforderung erfüllt der Taktgeber aus *Abb. 5.14* (oben): Sobald der zum Start betätigte Taster losgelassen wird, beginnt sich der Kondensator **C2** zu entladen, wobei die Taktfrequenz des Taktgebers „bis auf Null" sinkt. Falls erwünscht, können – wie eingezeichnet – die Taktimpulse einem Ton-

generator zugeführt werden, bei dem mit **P2** die Intensität und mit **P3** das Ausklingen des Klapperns eingestellt werden können. Die Tonhöhe des Klapperns kann bei diesem Tongenerator (Doppel-T-Oszillator) durch Erhöhen oder Verringern der Kapazitäten der Kondensatoren **C4**, **C5** und **C6** geändert werden. Die Kondensatoren **C4** und **C6** sollten jeweils identische und der **C5** eine (ungefähr) doppelt so hohe Kapazität haben.

5

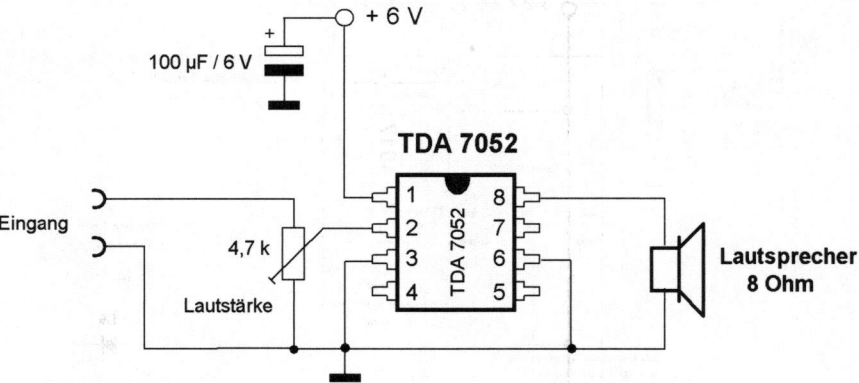

Abb. 5.15 Noch einfacher geht es kaum: dieser integrierte Verstärker hat zwar nur eine Leistung von bescheidenen 1 Watt, aber in Kombination mit einem mittelgroßen Lautsprecher ist er lauter als benötigt wird (*Anbieter des ICs: Conrad Elektronik, Bestell-Nr. 18 15 44*)

Als einfacher aber ausreichend lauter Verstärker kann für die Wiedergabe des Klapperns der kleine integrierte Verstärker nach *Abb. 5.15* im Selbstbau erstellt werden.

Mit dem Taktgeber aus *Abb. 5.14* können u. a. das kleine Glücksrad aus *Abb. 5.13*, der Würfel aus *Abb. 5.9* oder die Ringzählerkette aus *Abb. 5.16* – die für ein größeres Glücksrad ausgelegt ist – versehen werden.

Die eigentliche Funktion der Ringzähler-Kette aus *Abb. 5.16* ist identisch mit der aus *Abb. 5.13*. Eine eventuelle Verringerung der Anzahl der „Schaltausgänge" kann – wie bereits an anderer Stelle erläutert wurde – auch hier dadurch erfolgen, dass z. B. beim

IC 4 nicht der Ausgang **11**, sondern z. B. der Ausgang **31** (Pin **5**) mit dem Reset-Eingang am Pin 15 des **IC 1** verbunden wird. In dem Fall würde der Ringzähler jeweils nur bis 30 zählen (danach wieder beim Ausgang 1 anfangen).

Nicht verwendete Schaltausgänge (in diesem Fall die Ausgänge auf Pin 6, 9 und 11) sind über Schutzwiderstände von ca. 2,2 k bis ca. 33 k mit der Masse zu verbinden (die Werte der einzelnen Widerstände dürfen dabei unterschiedlich sein). Ähnlich wie bei anderen der hier beschriebenen Ringzähler-Schaltungen, sind auch hier zusätzliche Treiber an einzelnen Schaltausgängen erforderlich, denn der maximale Strom darf hier pro Ausgang nur 10 mA betragen.

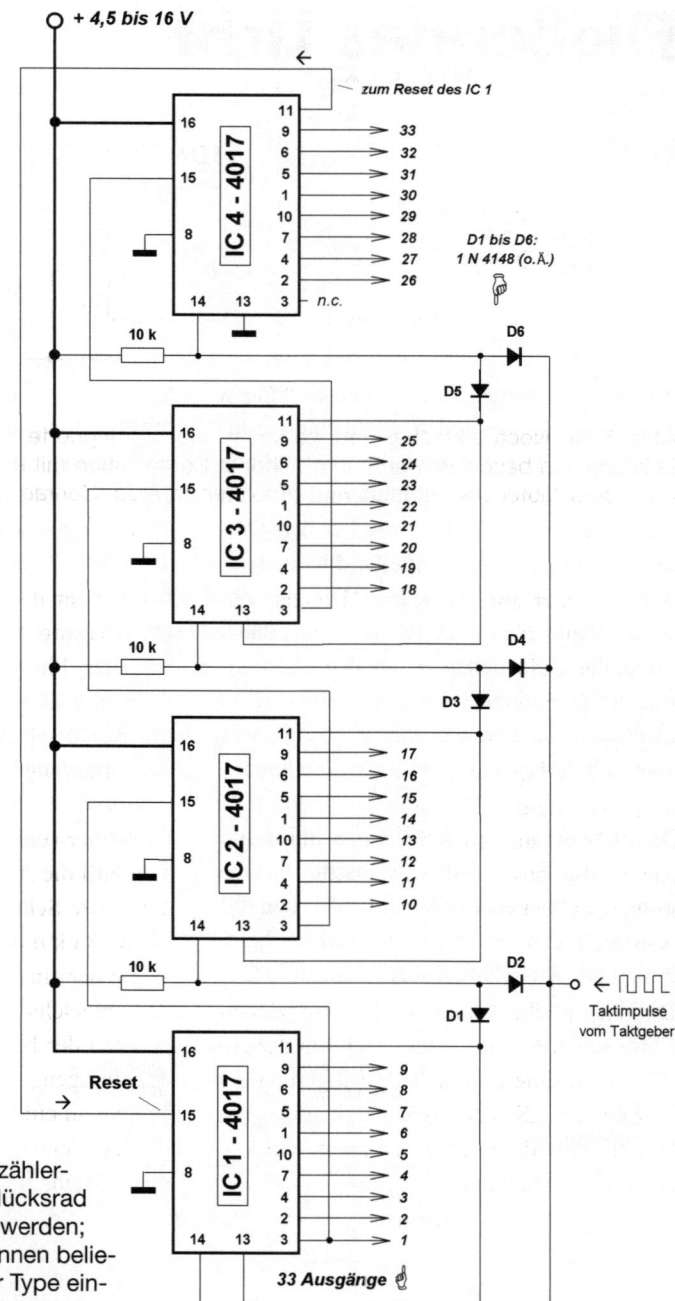

Abb. 5.16 Mit dieser Ringzähler-Kette kann ein größeres Glücksrad (mit 33 LEDs) angetrieben werden; zwischen IC 2 und IC 3 können beliebig viele weitere ICs dieser Type eingegliedert werden, wenn eine noch längere Kette erforderlich ist

Fließendes Licht

In den vorhergehenden Bauanleitungen wurden die Leuchtdioden jeweils nur sprungartig ein- und ausgeschaltet. Wesentlich wohltuender wirken Veränderungen von Lichtfiguren oder Farben, die bei den Umschalt-Vorgängen schön gleitend ineinander fließen, als ob sie mit einem Dimmer bedient würden. Erstrebenswert sind dabei Übergänge, bei denen es an den „Schnittstellen" zu keinen störenden Verlusten an Lichtintensität kommt. *Abb. 6.1* zeigt, was man sich darunter konkret vorstellen kann.

Derartige Übergänge können z.B. mit Hilfe eines MOSFET-Leistungstransistors nach *Abb. 6.2* erreicht werden. Mit P1 und P2 lässt sich experimentell ein Verlauf beim Ein- und Ausschalten der Leuchtdioden-

Sektionen so einstellen, dass er ungefähr mit der *Abb. 6.1* übereinkommt. Vor der Inbetriebnahme sollte der Schleifer des **P1** gegen die Masse heruntergedreht und erst anschließend langsam heraufgedreht werden. Der Schleifer des **P2** dürfte dabei anfangs etwa in der Mitte des Einstellpotentiometers stehen.

Abhängig von den Versorgungsspannungen des Ringzähler-ICs und der LEDs sind danach mit entsprechender Portion an Geduld (und evtl. auch bei einer niedrigeren Taktfrequenz des Taktgebers, der z.B. nach *Abb. 5.10* ausgelegt wurde) die **P1** und **P2** so einzustellen, dass das Ein- und Ausschalten der LEDs in etwa nach *Abb. 6.1* verläuft.

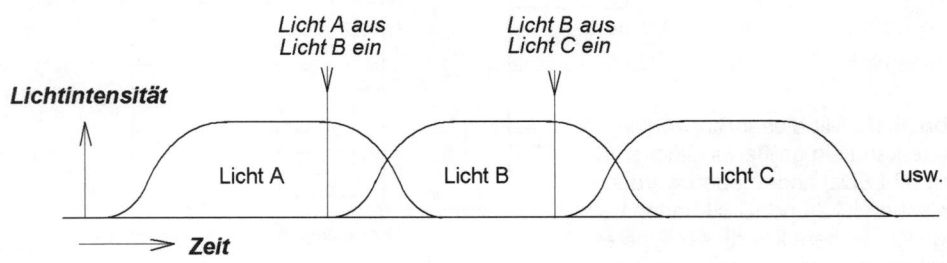

Abb. 6.1 Fließendes Umschalten von Lichtquellen

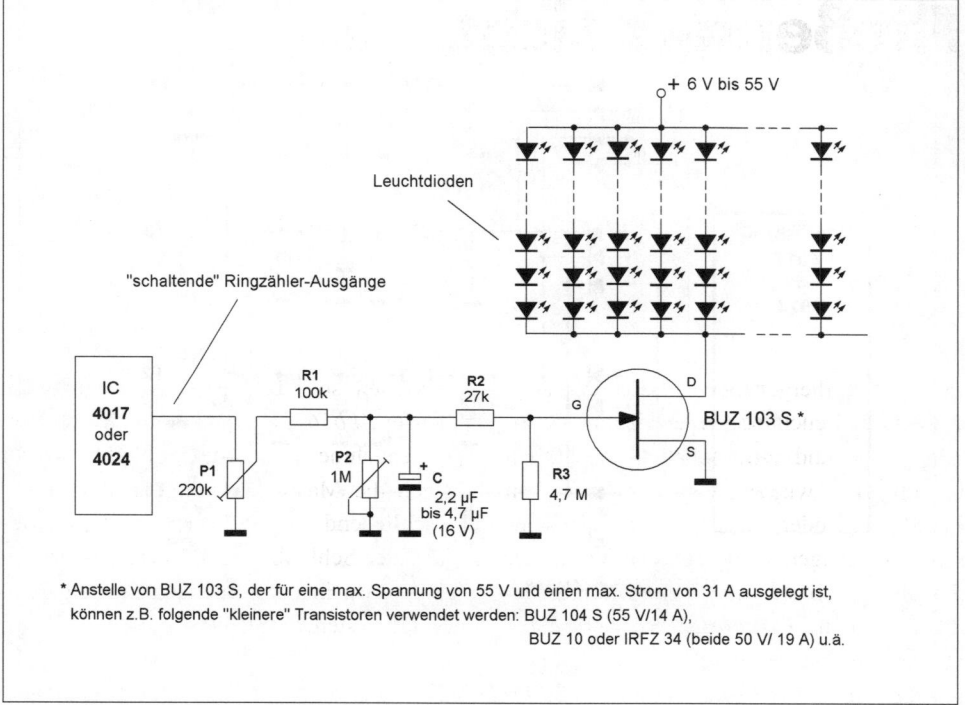

Abb. 6.2 Ein MOSFET-Leistungstransistor (*BUZ 103 S*) als Treiber

Die Schaltung aus *Abb. 6.2* kann auch für beliebig kombinierte bzw. „vorkodierte" Verschaltungen angewendet werden – wie *Abb. 6.3* zeigt.

Wir sehen uns wieder an einem konkreten Beispiel an, wie sich fließend aufbauende Leuchtdioden-Lichter handhaben lassen:

Angenommen, wir möchten eine fließend aufleuchtende Schneeflocke aus LEDs nach dem Beispiel aus *Abb. 6.4* erstellen. Rechts oben ist in dieser Abbildung die Schneeflocke klein „in natura" abgebildet, darunter sind die einzelnen LEDs (als Kreise mit

Buchstaben) in einer vergrößert dargestellten Schneeflocke eingezeichnet.

Die alphabetische Reihenfolge der Buchstaben bezieht sich auf die Reihenfolge der nacheinander aufleuchtenden LED-Sektionen. Diese sind so angeordnet, dass die Schneeflocke von ihrem Mittelpunkt aus nach außen Schritt für Schritt „wächst". Das setzt voraus, dass am Anfang der „Runde" nur die LED im Mittelpunkt der Schneeflocke leuchtet, die mit dem Buchstaben **A** versehen ist.

Ein Ringzähler, der mit dem IC 4017 nach

6

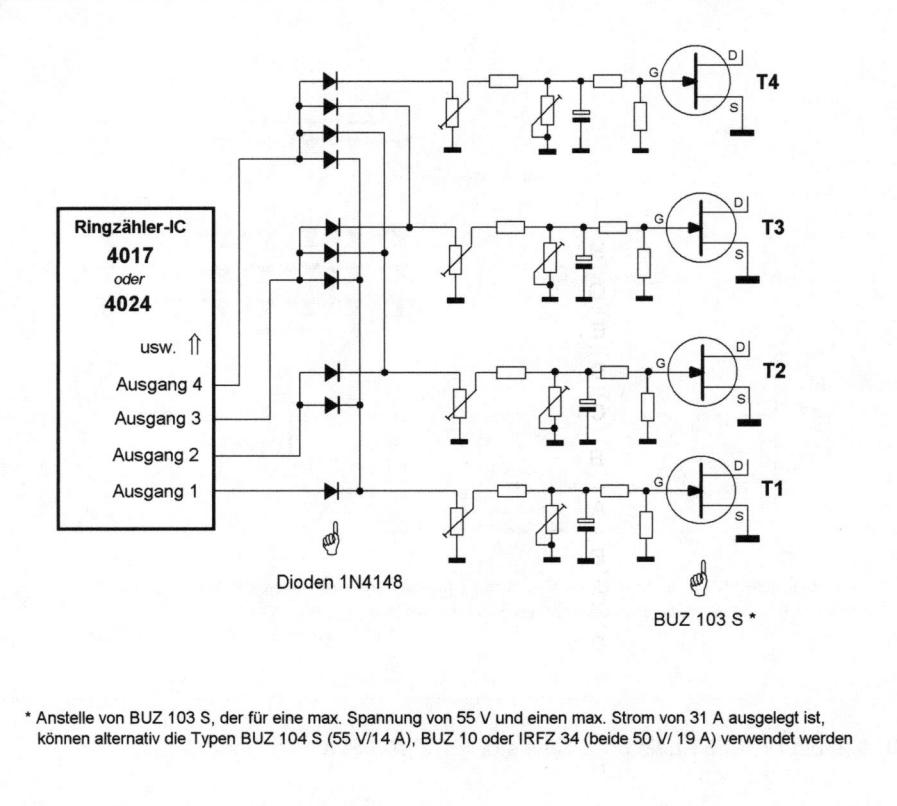

Ringzähler-IC
4017
oder
4024

usw. ⇑

Ausgang 4
Ausgang 3
Ausgang 2
Ausgang 1

Dioden 1N4148

BUZ 103 S *

* Anstelle von BUZ 103 S, der für eine max. Spannung von 55 V und einen max. Strom von 31 A ausgelegt ist, können alternativ die Typen BUZ 104 S (55 V/14 A), BUZ 10 oder IRFZ 34 (beide 50 V/ 19 A) verwendet werden

Abb. 6.3 Mit Hilfe von MOSFET-Transistoren kann eine LED-Sektion nach der anderen „fließend aufbauend" geschaltet werden

dem Prinzip aus *Abb. 5.13* ausgelegt ist, sollte in diesem Moment in seiner „Startposition" stehen. Da er jedoch keine echte Startposition hat, sondern laufend nur in einer unendlichen Schleife „zählt", wandern die positiven Ausgangsspannungen an seinen Schaltausgängen von dem einen Schaltausgang zum anderen in einem Kreis.

Ein Kreis hat zwar keinen Anfang und kein Ende, aber den Schaltausgängen des ICs

ordnet der Hersteller eine Reihenfolge zu, die wir in unseren Zeichnungen als **Q1** bis **Q10** bezeichnen. In Original-Datenblättern werden diese 10 Schaltausgänge zwar als Q0 bis Q9 bezeichnet, aber das ist ein Spleen aus der Digitaltechnik und für einen normalen Anwender verwirrend. Wer fängt denn schon beim Zählen seiner Kühe oder seiner Ehefrauen (bzw. Ex-Ehefrauen) mit der Null an? Das kann ja zu einer totalen Verblödung führen (wovon wahrscheinlich

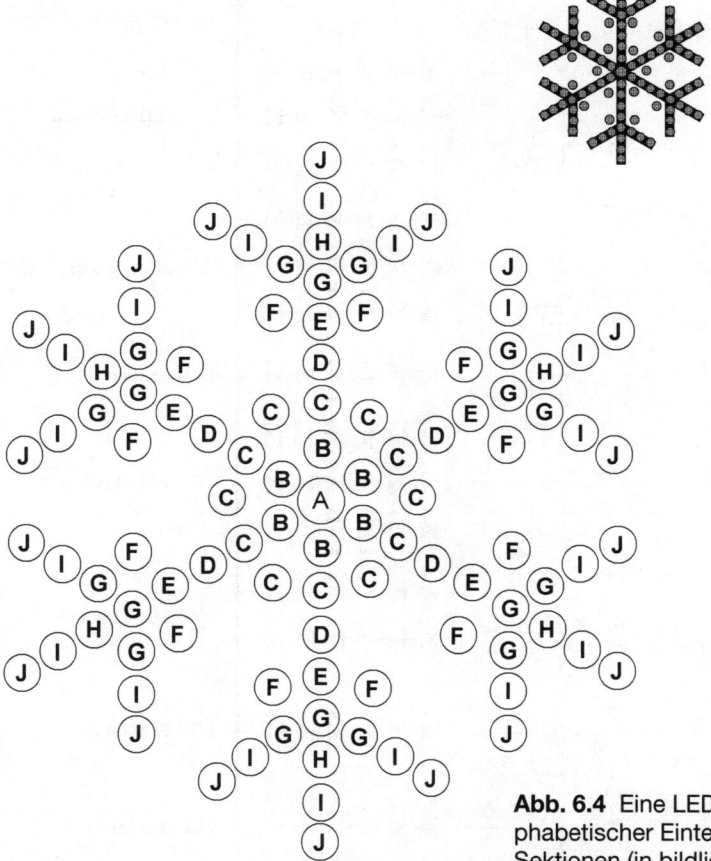

Abb. 6.4 Eine LED-Schneeflocke mit alphabetischer Einteilung einzelner LEDs in Sektionen (in bildlicher Darstellung)

viele von uns schon ohnehin stark betroffen sind).

Nun aber zurück zu unserer Schneeflocke, bei der wir dem Ringzähler-Schaltausgang „Q1" die **LED-Sektion B** zuordnen, die über **T1** geschaltet wird. Schaltausgang „Q2" schaltet anschließend über **T2** die zwölf **LEDs** der Sektion C dazu ein. Schaltausgang „Q3" schaltet dann über **T3** die sechs **LEDs** der Sektion D dazu ein usw. Die **LED A** bleibt als Mittelpunkt konstant

leuchtend. Schaltausgang **Q 10** kann bei Bedarf als Pause genutzt werden (ist über einem ca. 2,2-k- bis 33-k-Widerstand mit der Masse zu verbinden).

Der Ringzähler-Ausgang **Q1** könnte zwar die **LED A** (Mitte) am Anfang jeder Runde aktivieren, um somit eine neue Runde anzufangen. Da jedoch die **LED A** ohnehin mit allen Sektionen mitleuchten muss, kann sie ununterbrochen leuchten bleiben und wie es aus *Abb. 6.5* (rechts unten) hervorgeht, ein-

6

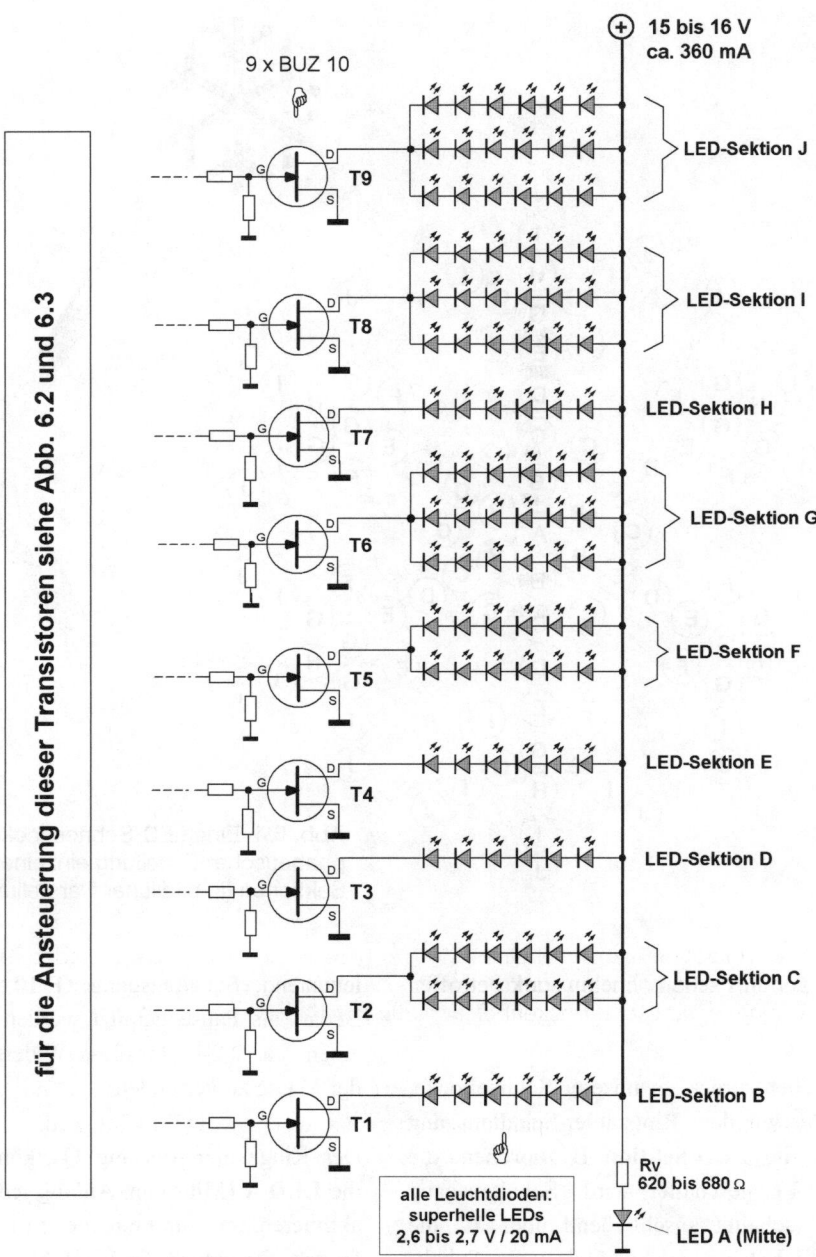

Abb. 6.5 Schaltung der Schneeflocken-Steuerung mit gleitend verlaufendem Aufbau der einzelnen LED-Sektionen; die Buchstaben der Sektionen korrespondieren mit der LED-Einteilung in *Abb. 6.4*

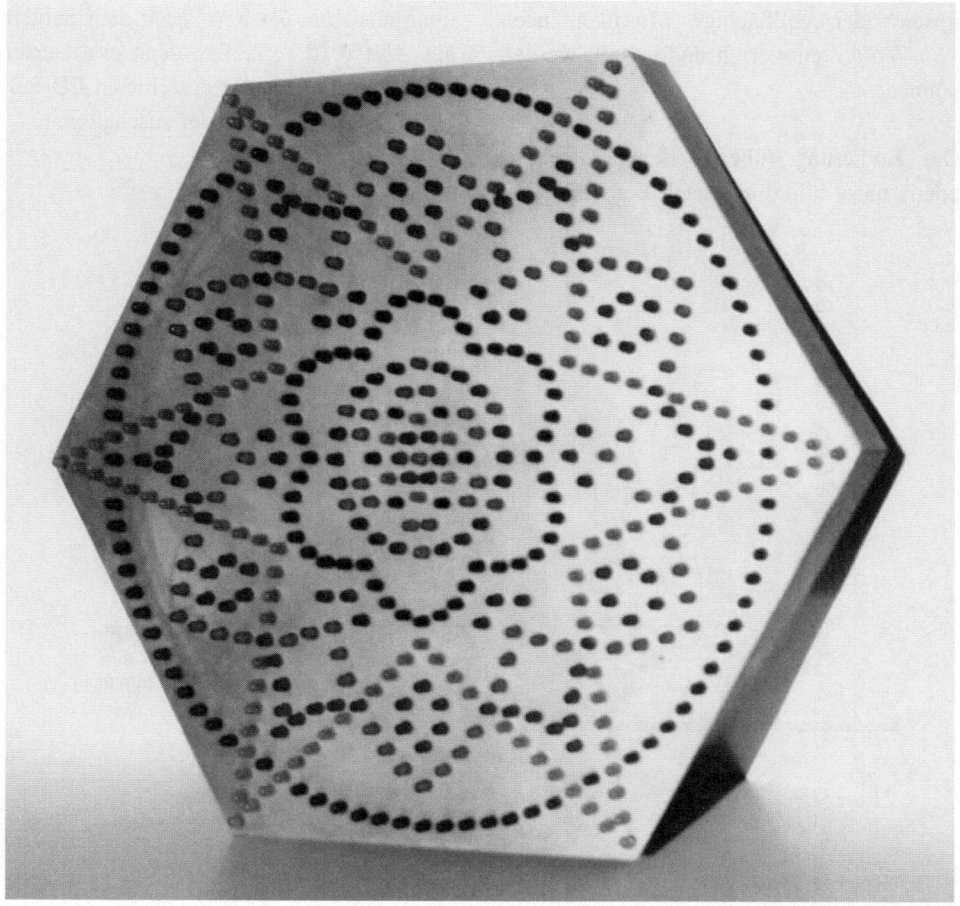

Abb. 6.6 Ausführungsbeispiel eines Mosaiken-Bausteines aus Leuchtdioden: die sechseckige Form ermöglicht ein dekoratives Zusammenfügen von mehreren Elementen, die z.B. als eine romantische Deckenbeleuchtung der Hausbar geeignet sind

fach konstant an die Betriebsspannung angeschlossen werden (natürlich über einen Vorwiderstand). Bleiben also nur noch 9 Schaltausgänge des Ringzählers, die für das gleitende Zuschalten der einzelnen LED-Sektionen (über **T1** bis **T9**) genutzt werden, wie *Abb. 6.5* zeigt.

Die eigentliche Einteilung der Sektionen kann selbstverständlich nach Belieben konzipiert werden. Die Schneeflocke könnte sich evtl. auch nur in wenigen Schritten aufbauen (z.B. nur mit dem IC 4024). Abgesehen davon, stellt die Schneeflocke nur eine von den möglichen Figuren dar, die u.a. als Sterne, konzentrische Kreise, drehende El-

6

lipsen oder vollflächige Mosaiken nach *Abb. 6.6/6.7* entworfen und erstellt werden können.

Die Kodierung (über beliebige Kleindioden) muss allerdings nach der Teilzeichnung aus *Abb. 6.3* bzw. nach dem Schema aus *Abb. 5.10* verlaufen, denn es ist erforderlich, dass sich die einzelnen LED-Sektionen gleitend zueinander zuschalten.

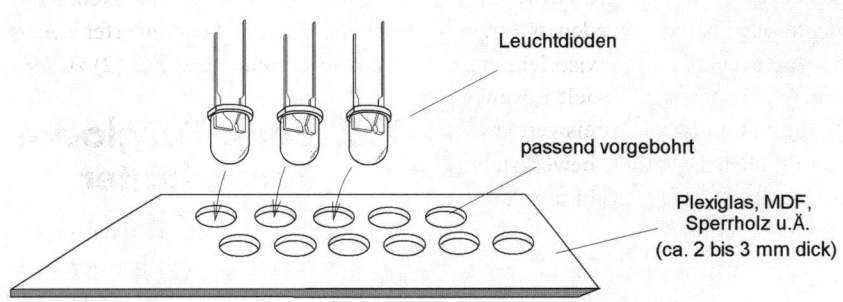

Leuchtdioden

passend vorgebohrt

Plexiglas, MDF, Sperrholz u.Ä. (ca. 2 bis 3 mm dick)

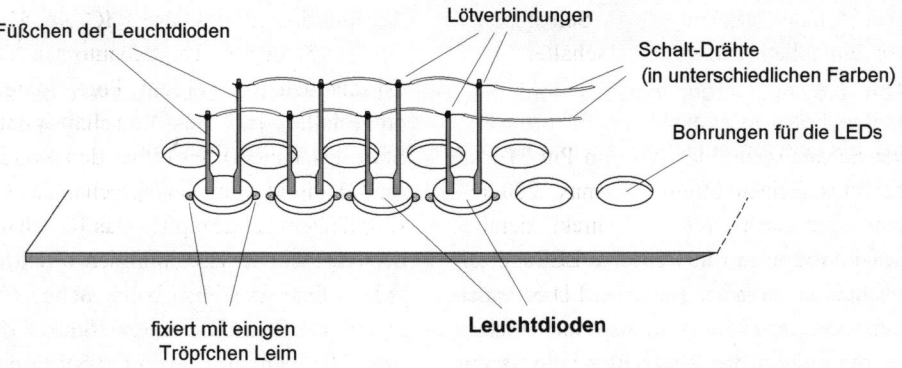

Füßchen der Leuchtdioden

Lötverbindungen

Schalt-Drähte (in unterschiedlichen Farben)

Bohrungen für die LEDs

fixiert mit einigen Tröpfchen Leim

Leuchtdioden

Abb. 6.7 Ausführungsbeispiel der Verdrahtung des Bausteines aus vorhergehender Abbildung: die einzelnen LEDs sind in passenden Bohrungen eingeleimt, die Verdrahtung erfolgt „wild, wie gewachsen" und die LED-Anschlüsse werden direkt auf die LED-Füßchen angelötet

Nützliche Hilfsschaltungen

Die folgenden Selbstbau-Hilfsschaltungen ermöglichen eine vielseitigere Anwendung der Leuchtdioden bei verschiedenen Experimenten, sowie auch bei praxisorientierten Vorhaben. Wir haben hier gezielt Lösungen gewählt, die mit einfachen, preiswerten und leicht erhältlichen Bauteilen bewerkstelligt werden können und die erprobt auf Anhieb funktionieren.

7.1 Dämmerungs-schalter

Die niedrige Versorgungsspannung der Leuchtdioden erleichtert den Selbstbau eines einfachen Dämmerungsschalters nach *Abb. 7.1.*

Der Schaltausgang des ICs (am Pin 3) kann theoretisch einen Strom von max. 200 mA und somit nach *Abb. 7.1a* direkt ziemlich große Mengen an superhellen LEDs direkt schalten, insofern der gesamte LED-Strombedarf nicht ca. 150 mA überschreitet (ansonsten würde sich das IC zu sehr aufwärmen). Verbraucher mit einem kräftigeren Strombedarf – wie z. B. größere LED-Scheinwerfer – kann das IC mit Hilfe eines zusätzlichen elektromagnetischen Relais schalten.

Wir haben interessehalber bei der Schaltung in *Abb. 7.1b* zwei separate Netzgeräte angewendet, um die Scheinwerfer „energiesparend" mit ihrem Netzgerät (2) zu schalten.

7.2 Funk-Türglocke als Fernschalter

Batteriebetriebene Funk-Schaltsysteme sind im Allgemeinen ziemlich teuer. Wesentlich kostengünstiger sind dagegen diverse Funk-Türglocken (Türgongs), die nach *Abb. 7.2/7.3* zum Fernschalten leicht modifiziert werden können. Bei der Lösung nach *Abb. 7.2* funktioniert das Timer IC NE 555 wie ein fernbedienter Treppenautomat, dessen Einschaltdauer mit dem Potentiometer **P** eingestellt wird. Das Einschaltsignal (als Start des Timers) wird über den Kondensator **C1** direkt vom Lautsprecher des Gong-Empfängers „angezapft". Das IC schaltet in diesem Fall die Leuchtdioden direkt, kann jedoch ähnlich wie z. B. in *Abb. 7.1b,* das eigentliche Schalten einem Relais überlassen. Der RESET-Schalter ermöglicht ein vorzeitiges Abschalten des Timers. Durch Erhöhung der Kapazität des **C2** kann die Einschaltdauer-Zeitspanne bei Bedarf verlängert werden.

7

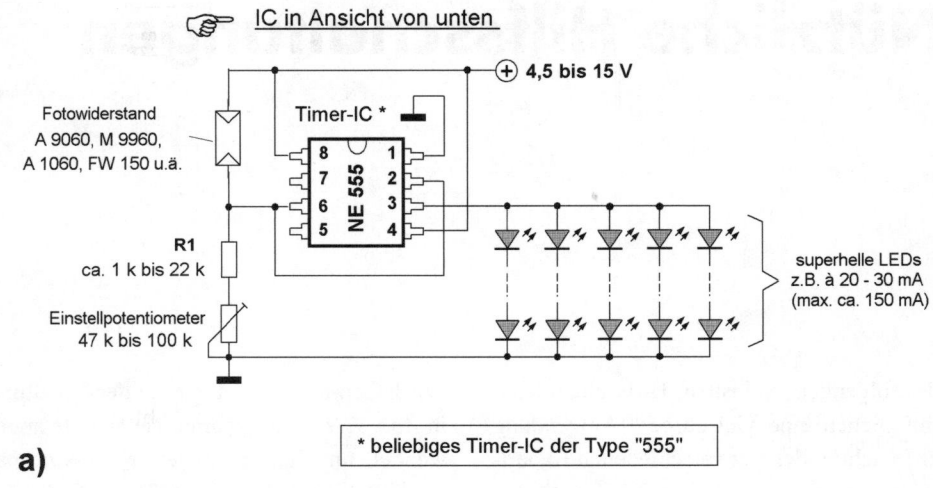

a)

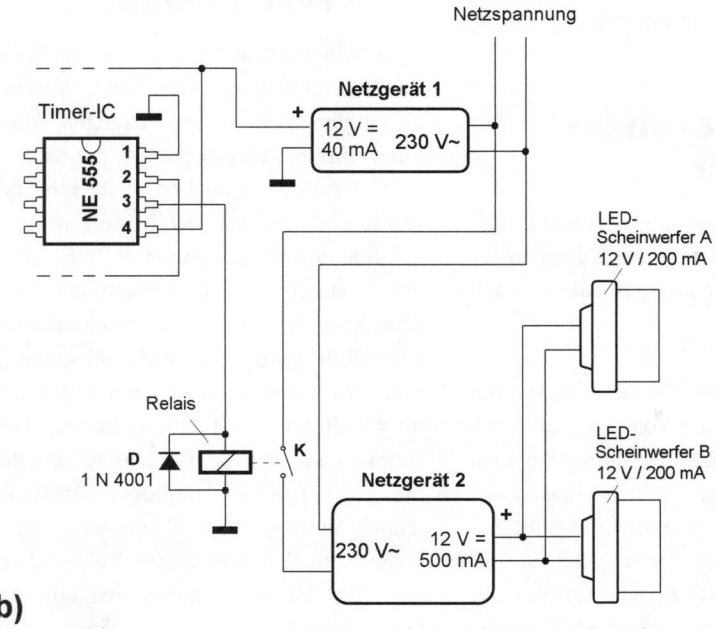

b)

Abb. 7.1 Selbstbau-Dämmerungsschalter mit dem IC NE 555: a) Pin 3 des ICs schaltet die angeschlossenen Leuchtdioden direkt; b) Das IC schaltet größere Verbraucher mit Hilfe eines zusätzlichen elektromagnetischen Relais

Funk-Türglocke als Fernschalter

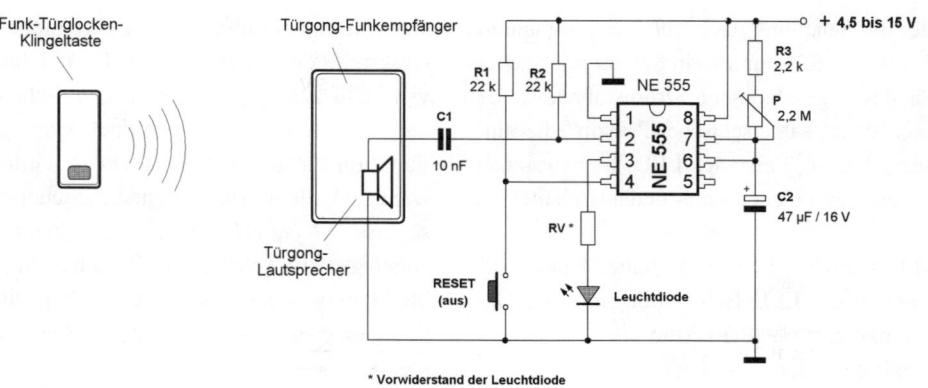

Abb. 7.2 Auf diese Weise kann ein preiswerter Funk-Türgong zu einem Licht-Fernschalter modifiziert werden

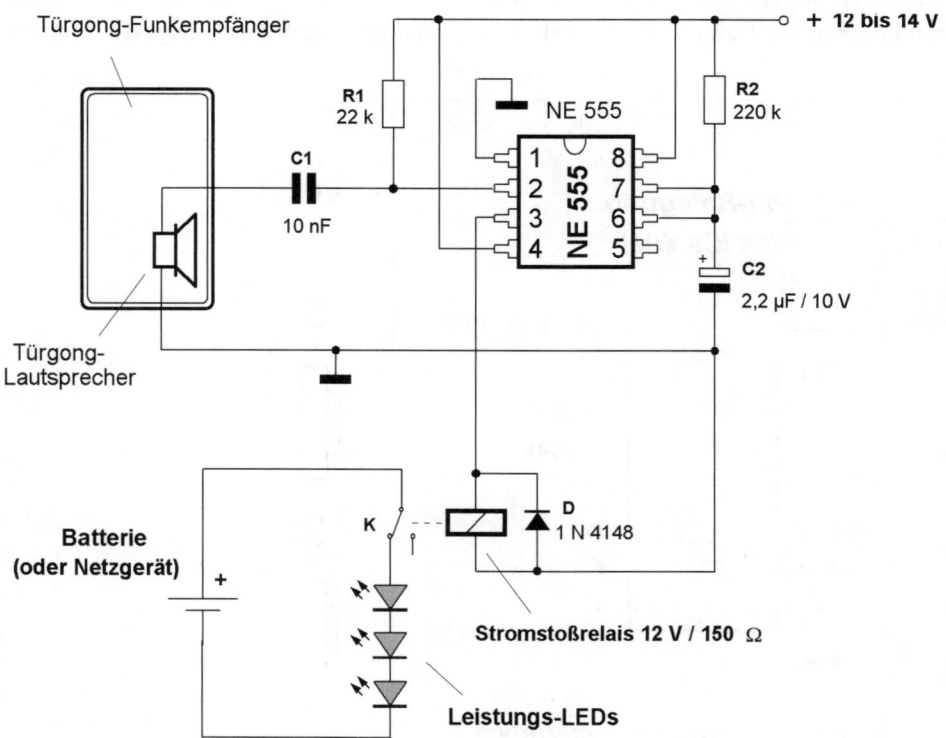

Abb. 7.3 Bei dieser Lösung funktioniert das Timer-IC NE 555 nur als ein Schaltimpuls-Geber für ein Stromstoßrelais

7

Bei der Schaltung nach *Abb. 7.3* funktioniert das IC NE 555 nur als ein Schaltimpulsgeber für das angeschlossene Stromstoßrelais, das nach dem „Kugelschreiber-Prinzip" die eingezeichneten Leistungs-LEDs – bzw. auch andere Verbraucher – ein- und ausschaltet.

Mit einem solchen Fernschalter kann z. B. bequem die LED-Beleuchtung bei der Garagenzufahrt aus dem Auto ein- und ausgeschaltet werden.

7.3 Schalten mit dem IC 4066

Das Schalt-IC der Type 4066 eignet sich hervorragend für viele Schaltaufgaben, die sich mit einem einfachen Schalter nicht bewerkstelligen lassen. Dieses IC beinhaltet vier selbstständige elektronische Schalter, die nach *Abb. 7.4* angeordnet sind. Die Funktion eines jeden Schalters ist einfach: wenn an dem zugehörenden Steuer-Anschluss (*S1 bis S4*) eine positive Spannung angelegt wird, schaltet der Schalter ein und bleibt eingeschaltet solange diese positive Spannung an seinem Steuer-Anschluss bleibt.

Die Pin-Belegung dieses ICs zeigt *Abb. 7.4*. Die eingezeichneten Schalter stellen allerdings nur symbolisch das Innenleben des ICs dar, das in Wirklichkeit ziemlich aufwendig ausgelegt ist. Das IC kann einen

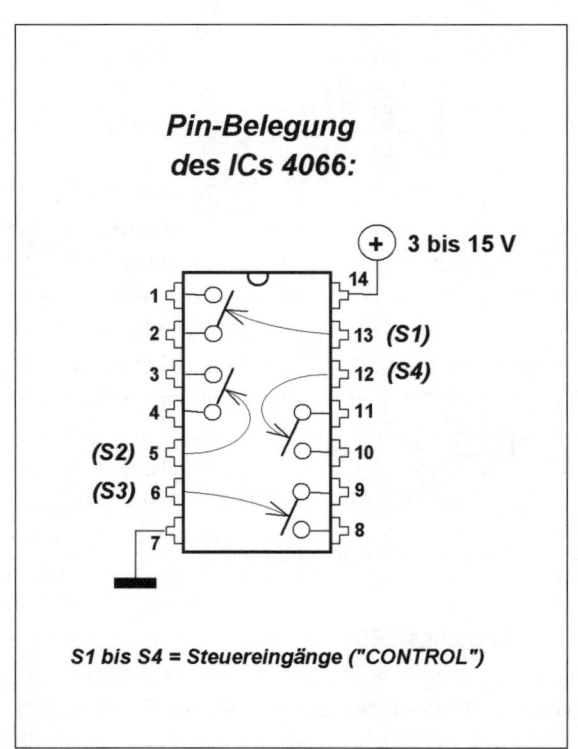

Pin-Belegung des ICs 4066:

+ 3 bis 15 V

S1 bis S4 = Steuereingänge ("CONTROL")

Abb. 7.4 Pin-Belegung des ICs *4066*

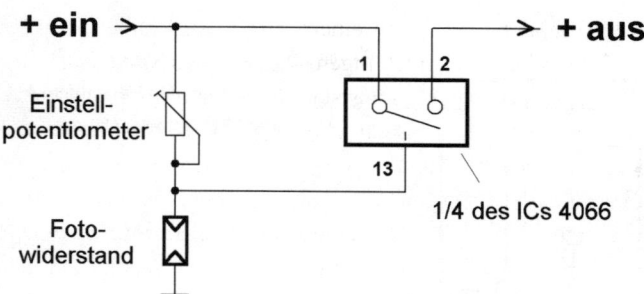

+ ein

+ aus

Einstell-
potentiometer

1   2

13

Foto-
widerstand

1/4 des ICs 4066

Abb. 7.5 Prinzipschaltung eines einfachen Dämmerungsschalters mit dem IC *4066*

Schaltstrom von **max. 25 mA pro Schalter** schalten und die geschaltete Spannung darf nicht die Versorgungsspannung des ICs überschreiten

Ein leicht nachvollziehbares Anwendungsbeispiel zeigt *Abb. 7.5,* in der einer der Schalter des Schalt-ICs *4066* als einfacher Dämmerungsschalter funktioniert. An seinem Steuereingang befindet sich ein Spannungsteiler, der aus einem Einstellpotentiometer (oben) und einem Fotowiderstand (unten) besteht.

Ein derartiger Fotowiderstand hat bei Tageslicht einen Ohmschen Widerstand von nur einigen hundert bzw. einigen wenigen tausend Ohm (je nach seiner Ausleuchtung). Wenn das Einstellpotentiometer auf einen Ohmschen Wert eingestellt wird, der wesentlich höher ist als der momentane Widerstand des *Fotowiderstandes,* dann ist der Steuereingang des Schalt-ICs *„low"* und der Schalter steht auf „aus". Sobald sich die Lichtverhältnisse ändern und der Ohmsche Wert des *Fotowiderstandes* auf einen Wert ansteigt, der wesentlich höher liegt als der des Einstellpotentiometers, erhält der Schalteingang des ICs eine positive *(„high")* Spannung und der Schalter schaltet ein.

Dieses Verhalten des ICs lässt sich nach dem Beispiel in *Abb. 7.5* leicht „durchexperimentieren", denn hier gilt der Slogan, dass Probieren über Studieren geht. Das IC kann bei diesem Experimentieren z. B. eine LED schalten – aber achten Sie bitte dabei darauf, dass der geschaltete Strom unterhalb des Maximums von 25 mA bleibt.

Bei einer konkreten Anwendung können dann beliebig viele solcher LED-Einzelschalter einfach parallel verbunden werden – wie in *Abb. 7.6* bildlich dargestellt ist. Das IC kann somit einen Strom bis zu 100 mA schalten. Zumindest theoretisch. In der Praxis werden wir ihm maximal ca. 80 bis 90 mA zumuten, da es sich sonst zu sehr aufwärmen würde. Mit einem Strom von 80 mA können jedoch 4 LED-Ketten mit z. B. bis zu fünf 20 mA-LEDs pro Kette (= 20 LEDs) geschaltet werden – was für eine Hausnummer oder eine bescheidene Notbeleuchtung völlig ausreicht. Falls nicht, dann kann entweder noch mehrere dieser Schalter parallel verbunden werden oder das IC 4066 (bzw. seine zwei bis drei Schalter) können eine kleineres elektromagnetisches Relais betreiben, welches das Schalten von kräftigeren LEDs, sowie auch von beliebigen anderen Verbrauchern, übernimmt (da-

7

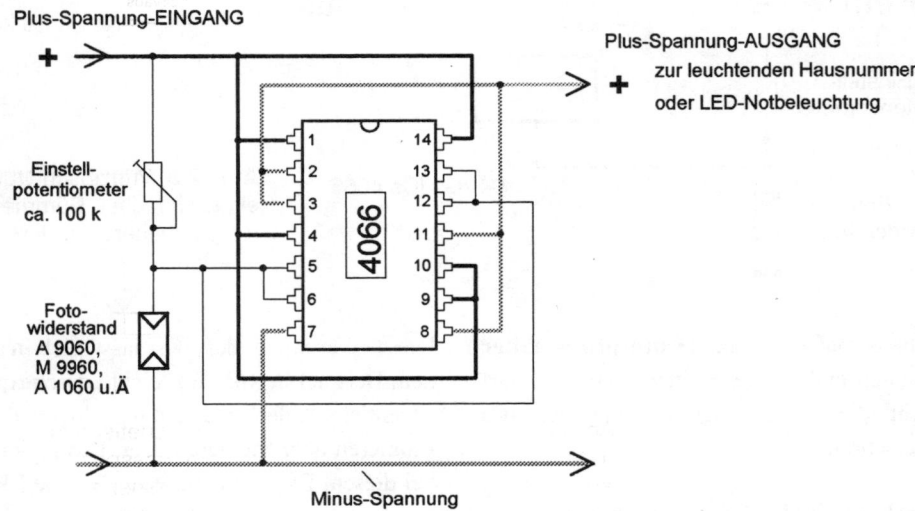

Plus-Spannung-EINGANG

Plus-Spannung-AUSGANG
zur leuchtenden Hausnummer
oder LED-Notbeleuchtung

Einstell-
potentiometer
ca. 100 k

Foto-
widerstand
A 9060,
M 9960,
A 1060 u.Ä

4066

Minus-Spannung

Abb. 7.6 Auf diese Weise können alle vier elektronischen Schalter dieses ICs parallel miteinander verbunden werden (der max. Schaltstrom beträgt dann 100 mA)

rauf kommen wir mit weiteren Beispielen zurück).

7.4 Einfacher Anwesenheitsmelder

Wozu so etwas gut sein kann? Jeder von uns hat schon in irgendeinem Film den Detektiv oder Spion gesehen, der beim Verlassen seiner Wohnung ein Haar zwischen die Tür eingeklemmt hat, um bei seiner Rückkehr zu sehen, ob während seiner Abwesenheit jemand in der Wohnung war.

Bei der zunehmenden Kriminalität und schrumpfenden Anzahl der Polizisten braucht man heutzutage kein Detektiv oder Spion mehr sein, um sich auf eine ähnliche Weise seine Wohnungs- oder Haustür absichern zu wollen. Damit kann verhindert werden, dass man nichts ahnend in seine

Wohnung oder in sein Haus gerade in dem Moment zurückkehrt, in dem noch Einbrecher am Werk sind. So etwas endet dann in letzter Zeit erfahrungsgemäß oft damit, dass der „unerwünschte Heimkehrer" einfach brutal abgestochen wird – denn laut Polizeiberichten ist gegenwärtig die Hemmschwelle der Einbrecher unüblich niedrig.

Es gibt aber auch viele wesentlich harmlosere Gründe dafür, dass man mit Hilfe eines einfachen Anwesenheitsmelders Kontrolle *(nach Abb. 7.7)* darüber haben möchte, ob irgendein Raum (von Unbefugten) betreten, ob irgendeine Schranktür „unbefugt" geöffnet wurde usw.

Bei dem elektromagnetischen Relais handelt es sich um ein beliebiges „monostabiles" Relais, dessen Magnetspule für eine Betriebsspannung zwischen ca. 4,5 bis 18

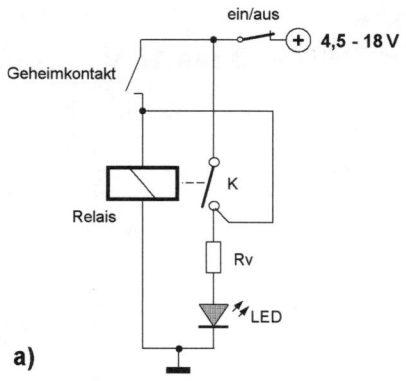
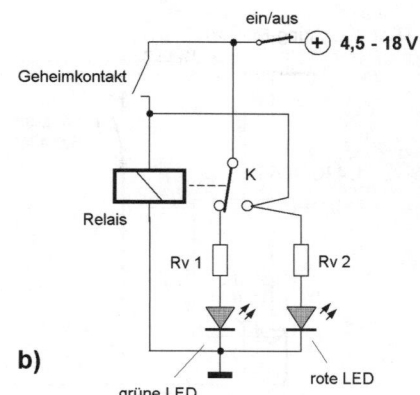

Abb. 7.7 Einfacher Selbstbau-Anwesenheitsmelder mit einem elektromagnetischen Relais (der Ohmsche der LED-Vorwiderstände „**Rv 1/Rv 2**" ist auf die Versorgungsspannung und die LED-Parameter abzustimmen – wie im Kap. 2 erläutert wird): a) mit einer LED; b) mit zwei LEDs, wovon die grüne LED nur als Anzeige der Betriebsbereitschaft dient

Volt ausgelegt ist (darunter fallen diverse preiswerte Kleinrelais, die laut tech. Daten z. B. für eine Spannung *von 3,5 bis 9 V* oder *10 bis 18 V* konzipiert sind und über einen „1x EIN"- oder „1 x UM"-Kontakt verfügen).

Das Relais ist hier selbsthaltend geschaltet: sobald der *„Geheimkontakt"* einmal kurz betätigt wird, springt das Relais an und hält sich weiterhin über den Kontakt **K** eingeschaltet. Gleichzeitig schaltet dieser Kontakt auch die LED ein. Deaktiviert wird diese Vorrichtung einfach durch Abschalten der Spannungszufuhr.

Als *„Geheimkontakt"* kann wahlweise u.a. ein kleiner *Mikroschalter, Zungenschalter, Neigungsschalter,* eine *Lichtschranke,* eine *Kontakt-Trittmatte* oder ein eigenhändig erstellter *Mini-Türkontakt* verwendet werden.

7. 5 Anwesenheitsmelder mit dem IC 4066

Alternativ zu der Lösung nach *Abb. 7.7* kann (anstelle eines elektromagnetischen Relais) auch das IC 4066 „selbsthaltend" schalten. Wir haben in diesem Beispiel zwei der elektronischen Schalter parallel miteinander verbunden, um den Schaltstrom auf die theoretischen 50 mA zu erhöhen (praktisch wird darauf geachtet, dass die Stromabnahme ca. 45 mA nicht überschreitet).

Die Funktion dieser Schaltung ist leicht „durchschaubar": Wenn der *Betätigungs-Schalter (Geheimkontakt)* aktiviert wird, erhalten die Steuereingänge (Pin 13 und Pin 5) einen positiven Spannungsimpuls, die Schalter „springen an" und versorgen ab dem Augenblick über den Widerstand 2,2 k

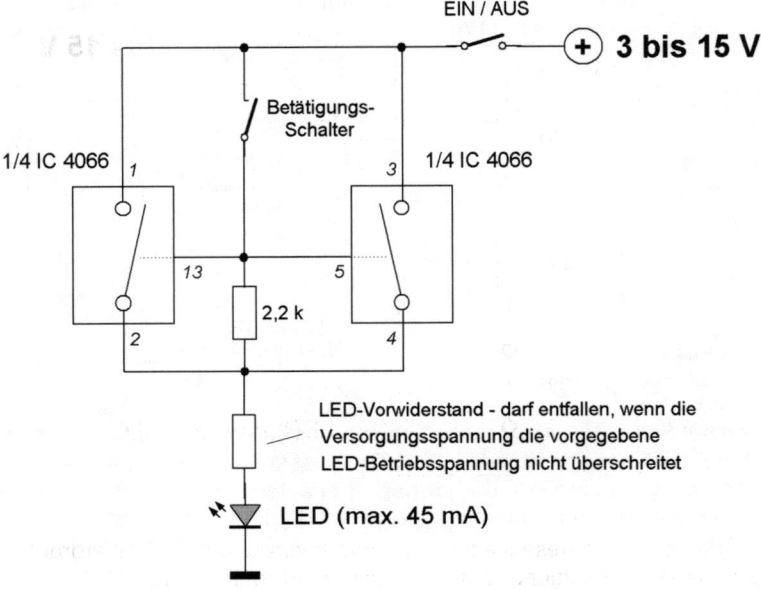

Abb. 7.8 Einfacher Selbstbau-Anwesenheitsmelder mit dem IC *4066*

ihre Steuereingänge mit der erforderlichen positiven Spannung. Die Schalter – und somit auch die Leuchtdiode – bleiben so lange eingeschaltet, bis manuell (mit dem EIN/AUS-Schalter) die Versorgungsspannung abgeschaltet wird.

Bei der Vorrichtung nach *Abb. 7.9* ist der Steuereingang (Pin 5) des Schalt-ICs „in Ruhestand" mit der Masse verbunden und der elektronische Schalter ist „offen" – wie eingezeichnet. Wird die *„unterbrechbare Verbindung"* (Stolperdraht) unterbrochen, erhält Pin 5 über den Widerstand 33 k eine positive Spannung und das IC schaltet die LED ein. Wir haben bei dieser Schaltung – im Gegensatz zu dem vorhergehenden Beispiel – nur einen elektronischen Schalter

verwendet, aber es können auch hier bei Bedarf beliebig viele Schalter parallel miteinander verbunden werden.

Manchmal ist es erwünscht, dass der Melder durch einen Ausschalt-Kontakt aktiviert wird, der z. B. als Türkontakt nur vorübergehend unterbrochen wird. Diese Aufgabe kann z. B. nach dem Beispiel aus *Abb. 7.10* gelöst werden. Sobald die „unterbrechbare Verbindung" beliebig kurz unterbrochen wird, erhält Pin 5 über den 33-k-Widerstand einen positiven Spannungsimpuls, der Schalter springt an und leitet die Plus-Spannung über Diode D dem Pin 5 zu. Somit bleibt der elektronische Schalter ohne Rücksicht darauf eingeschaltet, in welchem Schaltzustand sich der „Betätigungs-Schalter" weiterhin befindet.

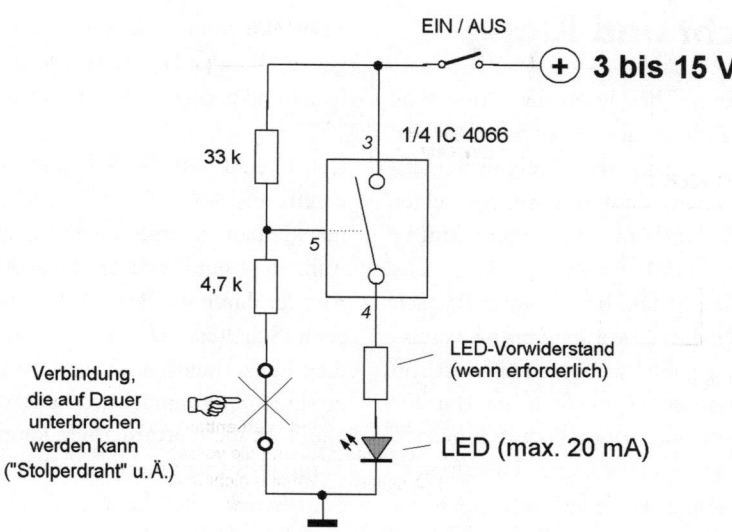

Abb. 7.9 Ein Selbstbau-Anwesenheitsmelder mit einem dünnen „Stolperdraht" bzw. mit einem Kontakt, der bei „Betätigung" auf die Dauer unterbrochen wird

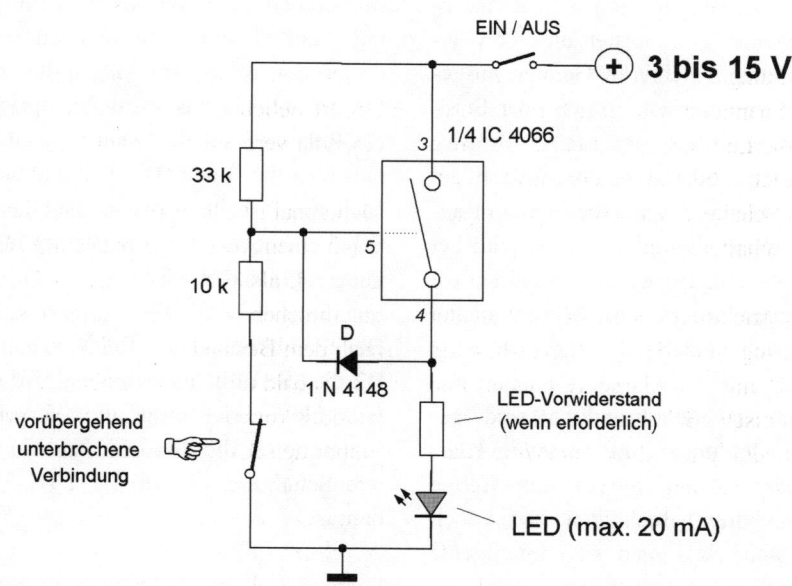

Abb. 7.10 Ein Selbstbau-Anwesenheitsmelder, der für eine „vorübergehend unterbrechbare Verbindung" ausgelegt ist

7

7.6 Licht und Klang

Bei den vorher beschriebenen Anwesenheitsmeldern, die man – je nach der Art der Anwendung – auch als „Ereignismelder" bezeichnen kann, wird die Anzeige einer „Aktivierung" nur mit Hilfe einer kräftig leuchtenden LED bewerkstelligt. Das genügt in Situationen, bei denen z. B. nach der Rückkehr in ein vorübergehend verlassenes Haus gezielt nachgesehen wird, ob die rote Leuchtdiode oberhalb der Haustür nicht leuchtet und somit darauf hinweist, dass in der Zwischenzeit ein „Unbefugter" das Haus betreten hat oder sogar noch anwesend ist.

Es gibt aber auch Situationen, in denen eine rein optische Anzeige nicht genügt. In dem Fall sollte sie mit einem akustischen System kombiniert werden, um auf sich aufmerksam zu machen. Die meisten unserer Wohnungen sind mit mehreren Geräten ausgestattet, die mit Piepsen, Hupen oder Summen melden, dass irgendein Vorgang beendet wurde oder dass uns einfach ein Gerät ruft. Wenn man gerade in einem anderen Raum beschäftigt ist, muss man bei so einem Piepen, Hupen oder Summen oft erst überlegen, wo es wohl herkommt und worum es sich handelt.

Wesentlich anwenderfreundlich sind gesprochene Meldungen, die eindeutig Klarheit verschaffen. Wir sind auf dem Gebiet der „bezahlbaren" Techniken zwar noch nicht so weit, dass man sich intelligente Geräte zulegen könnte, die uns jeweils situationsgerecht sagen, dass irgendetwas unsere Aufmerksamkeit beansprucht. Im Selbstbau können jedoch solche Vorrichtungen z. B. als Kleingeräte nach *Abb. 7.11* leicht und preiswert erstellt werden.

Den oberen Teil der Schaltung kennen wir bereits aus *Abb. 7.2/7.3*. Es gibt hier nur einen kleinen Unterschied darin, dass das **IC1** wahlweise nur durch Antippen des Schalters **S1** oder durch die Betätigung eines zusätzlichen Schalters **S2** („Ereignismelders") an dem Funk-Handsender aktiviert wird. Ist eine Funkübertragung des überwachten Ereignisses nicht erforderlich, kann das Funk-Türgong-System ganz entfallen und zu dem Start-Schalter **S1** können parallel beliebig viele „Meldekontakte" angeschlossen werden (oder es wird nur der **S1** als einziger Ereignismelder verwendet).

Ähnlich wie bei der Schaltung aus *Abb. 7.3* funktioniert auch hier das **IC 1** nur als Impulsgeber für ein elektromagnetisches monostabiles Relais. Im Gegensatz zu dem Stromstoßrelais aus *Abb. 7.3,* springt hier das Relais an, sobald es einen positiven Impuls über die Diode **D1** erhält und bleibt danach eingeschaltet – bis mit dem „ein/aus"-Schalter (rechts oben) die Versorgungsspannung abgeschaltet wird.

Der Schaltkontakt des Relais schaltet über **D2** die „Selbsthalte-Spannung" für die Relaisspule, gleichzeitig die Versorgungsspannung für die rote LED und für die untere Schaltung, die um **IC 2/IC 3** aufgebaut ist.

Solange sich die Schaltung im Stand-by-Zustand befindet, leuchtet nur die grüne LED. **Rv 2** muss auf diese LED abgestimmt

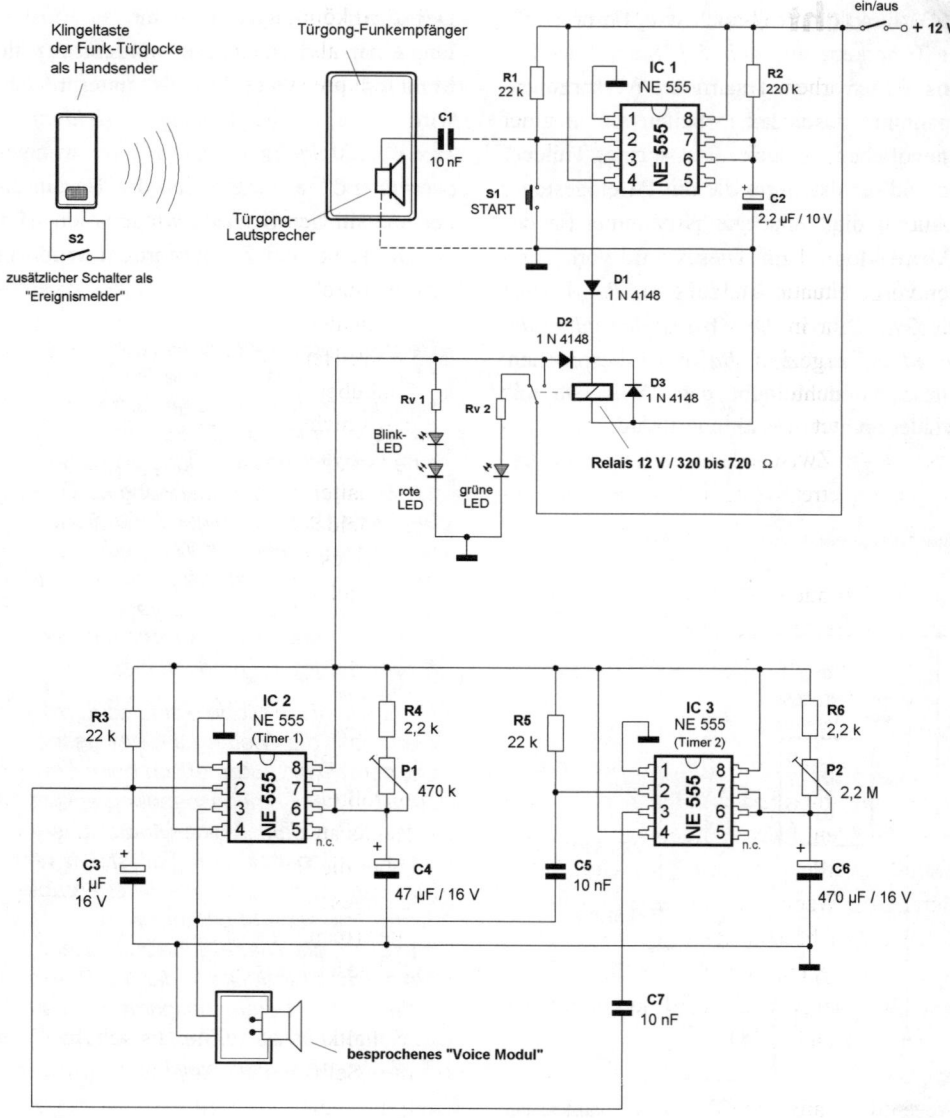

Abb. 7.11 Ein Selbstbau-Ereignismelder, der neben einer optischen Anzeige auch über einen Intervall-Melder mit Sprachausgabe verfügt

werden (siehe hierzu Kap. 2). Wird das Relais aktiviert, leuchtet die rote LED (und natürlich auch die Blink-LED, die mit ihr in Reihe geschaltet ist) blinkend auf. **Rv 1**

muss hier ebenfalls auf die zwei angewendeten LEDs abgestimmt werden.

Die Schaltung mit dem Timer-Duo (**IC2/**

7

IC3) funktioniert ähnlich wie die dreistufige Timerkette aus *Abb. 5.1.* Sobald das Relais diesen zwei Timern die Versorgungsspannung zuschaltet, arbeiten sie in einer unendlichen Schleife. Erst springt Timer 1 an und schaltet – für die mit **P1** eingestellte Dauer – die Versorgungsspannung für das „Voice-Modul" ein. Dieses wird vorher mit der vorgesehenen Meldung (*z. B. „Wasser im Keller" oder „Die Post ist da" oder „Jemand ist auf dem Balkon"*) besprochen. Diese Meldung gibt das „Voice-Modul" wieder ab, wenn es aktiviert wird.

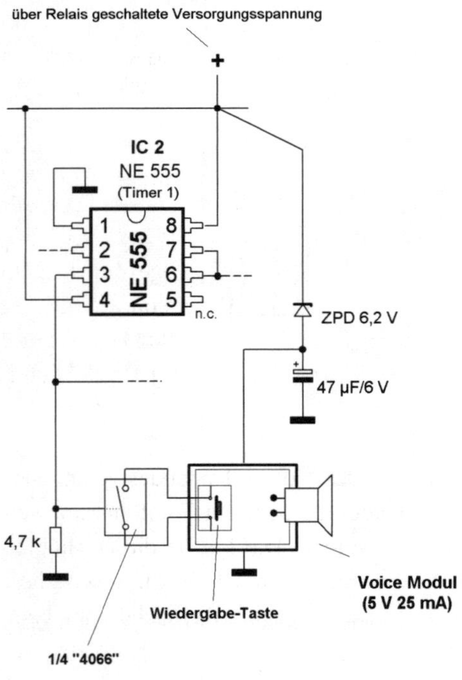

Der Timer 2 fungiert hier nur zur Einstellung einer Zwischenpause, während der die Meldung des „Voice-Moduls" unterbrochen wird. Eine solche Lösung (*„Meldung – Pause – Meldung – Pause"*) ist weniger „nervtötend", als wenn sich der Text in einer unendlichen Schleife wiederholen würde. Die Länge der Zwischenpause wird mit **P2** eingestellt.

Bemerkung: *kleine, preiswerte „Voice-Module" bzw. „Mini-Voice-Recorder" sind meistens nur für eine Aufzeichnungsdauer von ca. 20 Sekunden und eine Versorgungsspannung von 3 bis 12 V ausgelegt (die Spannung kann hier bei Bedarf z. B. mit einer Zenerdiode auf den erforderlichen Wert reduziert werden). Wichtig ist, dass bei dem angewendeten Modul die Sprachaufzeichnung auch nach Abschalten der Stromversorgung erhalten bleibt.*

Nicht alle diese Module sind so konzipiert, dass die Wiedergabe des gespeicherten Textes automatisch beim Einschalten der Betriebsspannung erfolgt – wie es bei dem „Voice-Modul" aus unserem Schaltplan der Fall ist. Oft verfügt das Modul über eine „Wiedergabe-Taste", die separat betätigt werden muss, um die Wiedergabe zu starten. Ein solches Modul kann dann z. B. mit Hilfe des uns bereits bekannten Schalt-ICs „4066" an den Timer 1 nach Abb. 7.12 angeschlossen werden.

Abb. 7.12 Auf diese Weise kann an den Timer 1 (IC2) aus Abb. 7.11 ein „Voice Modul" angeschlossen werden, das mit einer separaten Wiedergabe-Taste ausgelegt ist

7.7 Laser-Pointer als Fernschalter

Manchmal kann drahtloses Fernschalten von Leuchtdioden bzw. Leuchtdioden-Spots wirklich sehr praktisch sein, aber auch

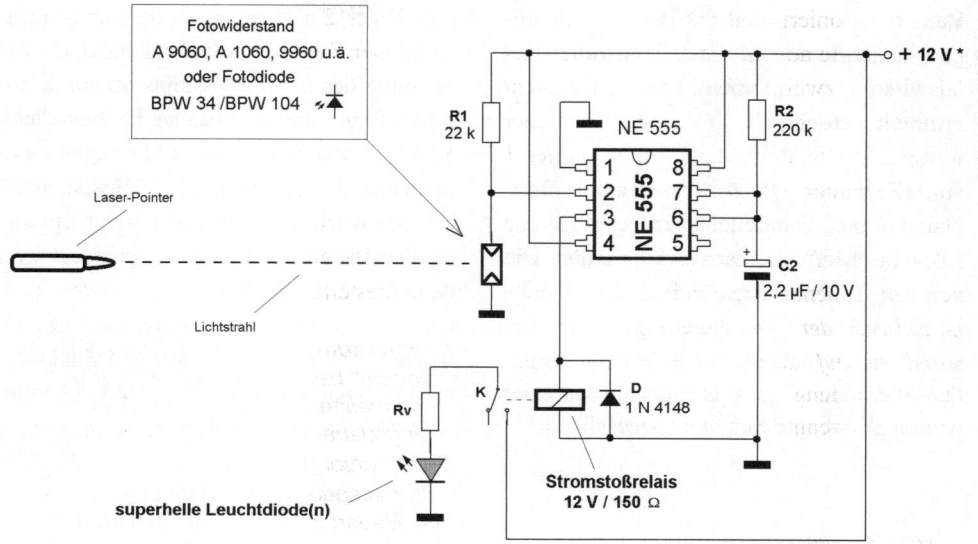

Abb. 7.13 Fernschalten mit einem Laserpointer (* die Versorgungsspannung kann evtl. bis auf ca. 14 V erhöht werden, um den Spannungsverlust im NE 555 zu kompensieren)

wenn für so eine Lösung nur rein spielerische Gründe sprechen, ist dagegen nichts einzuwenden. Sinn macht, was Spaß macht. Wir haben diese Bauanleitung so entwickelt, dass sie mit dem bereits bekannten Timer-IC *NE 555* reibungslos funktioniert. Eigentlich handelt es sich hier um eine nur geringfügig geänderte Schaltung aus *Abb. 7.3:* der Timer (der in beiden Fällen nur sehr kurze Spannungsimpulse an das Stromstoßrelais liefert) wird jedoch in *Abb. 7.13* dadurch gestartet, dass der mit Laser-Pointer-Strahl beleuchtete Fotowiderstand sein **Pin 2** mit der Masse (kurz) verbindet. Unter dem Begriff „kurz" darf man sich einen winzigen Sekundenbruchteil vorstellen.

Solange der Fotowiderstand unbeleuchtet bzw. nur sehr schwach beleuchtet ist, liegt

sein Widerstand zwischen ca. 100.000 kΩ und 1 MΩ. Wird er von einem Laser-Pointer-Strahl beleuchtet (kurz gestreift), sinkt sein Widerstand unterhalb von einigen kΩ bzw. sogar unterhalb von 500 Ω, was **Pin 2** des *NE 555* als einen „Start-Befehl" quittiert.

Anstelle des Fotowiderstandes kann auch eine Fotodiode oder ein Fototransistor verwendet werden. Die Fläche dieser Halbleiter ist jedoch ziemlich klein, was höhere Ansprüche auf die Treffsicherheit beim Fernbedienen stellt (obwohl dieser Nachteil durch Einsetzen einer kleinen Linse behoben werden kann). Der Fotowiderstand bzw. der Fotohalbleiter muss auf alle Fälle etwas vertieft (verdunkelt) eingebaut werden. Inwieweit sich dann das Tageslicht, die

7

Raumbeleuchtung und die Beleuchtung mit dem Laser-Strahl auf einen Fotowiderstand auswirkt, kann mit einem Ohmmeter leicht ermittelt werden.

Anstelle eines Laser-Pointers kann als Fernbedienungs-Lichtquelle auch eine kleine LED-Taschenlampe verwendet werden. Die von der Taschenlampe beleuchtete Fläche ist ziemlich breit und daher eignet sich diese Art des Schaltens vor allem für Vorhaben, bei denen jeweils nur ein einziger lichtempfindlicher Schalter vorgesehen ist.

Der Ohmsche Wert des Fotowiderstandes sollte im „Stand-by"-Zustand oberhalb von ca. 44 kΩ und beim „Antippen" durch den Laserstrahl (oder Taschenlampen-Lichtstrahl) unterhalb von ca. 11 kΩ liegen. Sollte sich dieses Verhältnis (2:1) umständehalber bei dem Fotowiderstand nicht optimal erzielen lassen, kann **R1** so geändert werden, dass sein Widerstand *zumindest* doppelt so hoch ist wie der Widerstand des beleuchteten Fotowiderstandes und *höchstens* halb so hoch wie der Widerstand des Fotowiderstandes im „Stand-by".

Hinweis

Wenn Sie an weiteren themenbezogenen Informationen und Selbstbau-Anleitungen interessiert sind, empfehlen wir Ihnen folgende Bücher von Bo Hanus / Franzis-Verlag:

a) Drahtlos schalten, steuern und übertragen in Haus und Garten (234 Seiten)
b) Spaß und Spiel mit der Elektronik (120 Seiten)
c) Spaß und Spiel mit der Solartechnik (112 Seiten)
d) So steigen Sie erfolgreich in die Elektronik ein (97 Seiten)
e) Der leichte Einstieg in die Elektronik (363 Seiten)
f) Das große Anwenderbuch der Elektronik (351 Seiten)
g) Schalten, Steuern und Überwachen mit dem Handy (97 Seiten)

Energieübertragung mit Licht

Energiesparende superhelle Leuchtdioden eignen sich hervorragend für Energieübertragung mit Licht. Das von uns entwickelte und in diversen Applikationen ausgetestete Prinzip ist einfach: Man nehme *(nach Abb. 8.1)* eine Lichtquelle, die über einen gebündelten Lichtstrahl verfügt als *Sender,* eine Solarzellen-Fläche als *Empfänger* und das Übertragungssystem ist fertig.

Stellt sich nun die Frage, wozu so eine Vorrichtung gut sein kann?

In Hinsicht auf die relativ großen Energieverluste eignet sich eine solche Energieübertragung nur für speziellere Anwendungen, bei denen der eigentliche Energiebedarf relativ bescheiden ist und für die eine normale Stromzuleitung nicht erwünscht oder nicht möglich ist. Prädestiniert sind für solche „Späßchen" vor allem kleinere, batteriebetriebene Geräte oder Vorrichtungen, bei denen der LED-Lichtstrahl die elektrische Energie für das Nachladen von Batterien oder anderen Energiespeichern, wie Speicher-Kondensatoren (Gold-Caps) liefert.

Die folgenden Beispiele zeigen, auf welche Weise sich diese Art der Energieübertragung in der Praxis anwenden lässt. Es handelt sich dabei zwar um Applikationen, die *in dieser Form* kaum für eine „breite Leser-Zielgruppe" vorgesehen werden dürften.

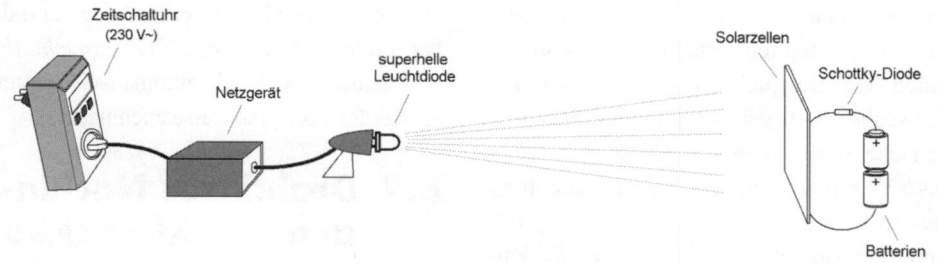

Abb. 8.1 Das Prinzip einer einfachen Energieübertragung mit Licht ist einfach: eine superhelle LED (mit gebündeltem Lichtstrahl) bestrahlt eine Solarzellen-Fläche, die das Licht in elektrischen Strom umwandelt

8

Bei etwas Phantasie kann jedoch das eigentliche Prinzip auch für Experimente anderer Art genutzt werden.

8.1 Energieübertragung zu einer Wanduhr

Batteriebetriebene Wanduhren – darunter vor allem Funkuhren – sind eine feine Sache. Ihr einziger Nachteil ist, dass sie meist zu einem ungünstigen Zeitpunkt stehen bleiben, weil die Batterie leer ist. Man steht dann vor einer Aufgabenlösung, die theoretisch einfach ist, aber praktisch oft mit Handlungen verbunden sein kann, die unter Umständen dem Wohlbefinden absolut nicht dienlich sind. Vor allem dann nicht, wenn keine passende Batterie vorrätig ist. Wer legt aber Vorräte an Batterien an, die man vielleicht erst ein Jahr später benötigt?

Zum Glück kann man so eine Wanduhr ziemlich einfach für einen Solarantrieb nach *Abb. 8.2* umbauen.

Der Energieverbrauch einer solchen Uhr beträgt etwa 5 mAh pro Tag. Diese Energie müssten also die Solarzellen dem Gold-Cap täglich nachliefern können. Nach dem Beispiel aus *Abb. 8.2a* würden die sechs „0,46 Volt"-Solarzellen die theoretische Nennspannung von 2,76 V (6 x 0,46 V) nur bei sehr kräftiger Beleuchtung liefern können. Bei einer Beleuchtung mit einem etwas schwächeren Leuchtdioden-Lichtstrahl *(nach Abb. 8.1)* genügt es, wenn die Solarspannung ca. 1,5 bis 1,7 V beträgt.

Die Zellen arbeiten bei diesem bescheidenen Nachladen fast im *Leerlauf* und liefern daher die erforderliche Spannung ziemlich problemlos (der Gold-Cap sollte jedoch vorher ordentlich aufgeladen werden, was z.B. durch eine kräftigere Beleuchtung mit einer Glühbirne aus unmittelbarer Nähe erfolgen kann).

Der Zellen-Ausgangsstrom liegt bei einer schwächeren Zellen-Ausleuchtung relativ tief unterhalb des hier aufgeführten theoretischen Nennwertes von 50 mA, aber das kann in Kauf genommen werden. Wir benötigen ja nur einen täglichen Nachladebedarf von ca. 5 mAh. Dies bedeutet, dass ein Nachladen von 1 Stunde pro Tag mit einem Solarstrom von 5 mAh den täglichen Energieverbrauch der Uhr kompensiert.

Anstelle des in *Abb. 8.2b* eingezeichneten Gold-Cap-Duos könnte ein einziger 3-V-/10-F-Gold-Cap (Speicher-Kondensator) verwendet werden. Dieser ist jedoch momentan noch nicht erhältlich – was sich allerdings im Laufe der Zeit ändern kann.

Das tägliche Beleuchten der Uhren-Solarzellen nimmt höchstens 1 Stunde in Anspruch. Die energiespendende Leuchtdiode kann daher mittels einer Zeitschaltuhr *(nach Abb. 8.1)* dementsprechend „automatisch" gesteuert werden (beispielsweise auch nachts).

8.2 Drahtloses Nachladen von Kleinakkus

Auf dieselbe Weise, wie bei den vorhergehenden Beispielen der Speicher-Kondensator (Gold-Cap) nachgeladen wurde – bzw.

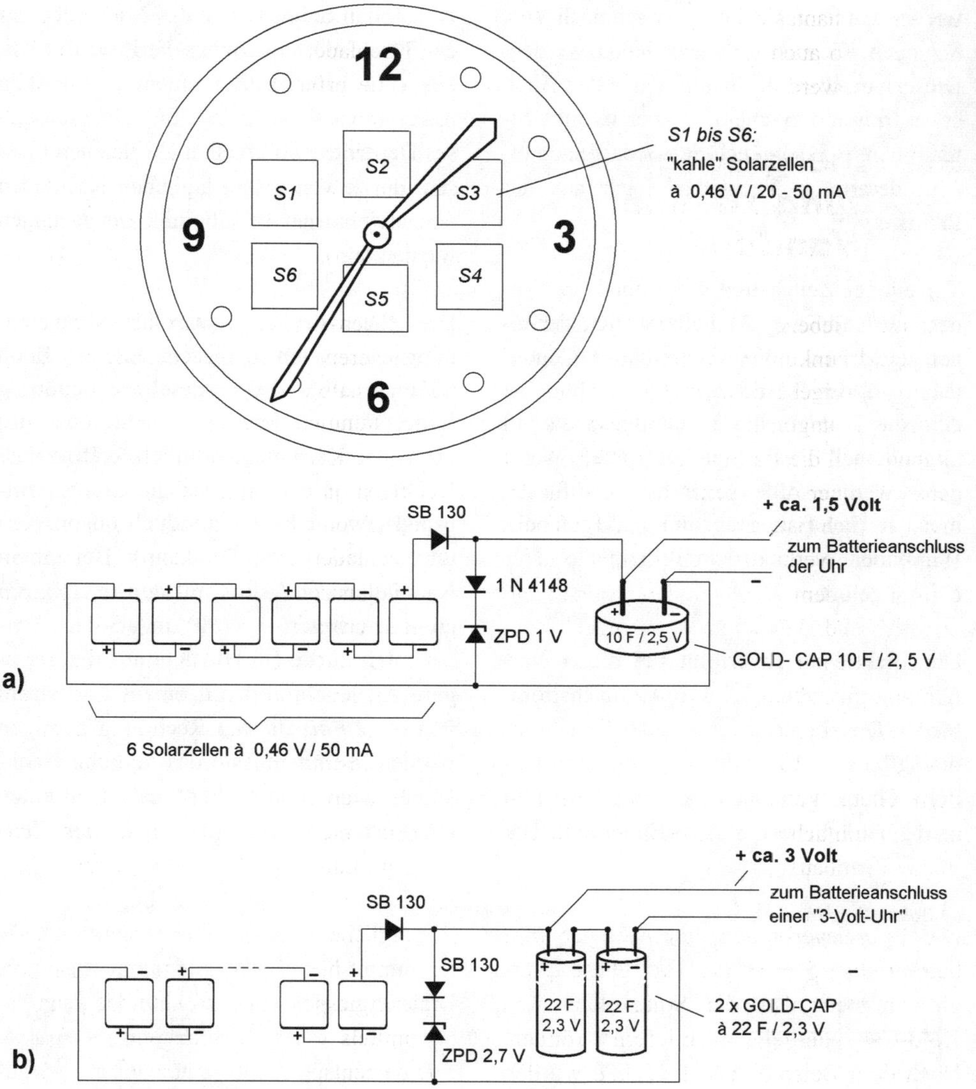

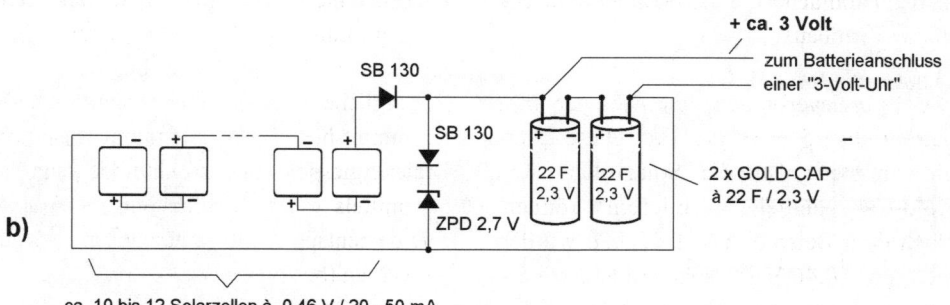

Abb. 8.2 Die in der Wanduhr eingezeichneten Solarzellen können entweder als kleine kristalline Siliziumzellen zu diesem Zweck angeschafft oder alternativ aus gebrauchten Solar-Taschenrechnern ausgebaut werden: a) *oben* – Anordnungsbeispiel der Solarzellen im Uhren-Ziffernblatt; *unten* – Schaltung des Solar-Nachladesystems einer Uhr, die für eine 1,5-V-Betriebsspannung ausgelegt ist; b) Schaltung des Nachladesystems für eine „3-Volt-Uhr"

8

wie auch *Abb. 8.1* zeigt – können nach *Abb. 8.3* auch Kleinakkus nachgeladen werden. Dieser Vorschlag dürfte auf den ersten Blick etwas fraglich erscheinen, aber es gibt Situationen, in denen sich der Bedarf nach einem derartigen Nachladen sogar aus der Praxis ergibt.

Vor einiger Zeit hatten wir Kontakt mit einem ausländischen Möbelhersteller, der einen elektrisch höhenverstellbaren Couchtisch auf den Markt bringen möchte, bei dem das Problem des Zuleitungskabels auf „irgendeine" technisch elegante Weise gelöst werden sollte (so ein Kabel ist für die meisten Hausfrauen absolut inakzeptabel). Wir haben es nach dem Prinzip aus *Abb. 8.1/8.3* gelöst.

Der Elektroantrieb erfolgt bei dieser Vorrichtung mit einem 7,2 V/6 A-Gleichstrom-Motor. Die Dauer des Aus- oder Einfahrens beträgt nur ca. 10 Sekunden, womit der tägliche Energieverbrauch ca. 0,0024 Ah (2,4 mAh) beträgt (bei 2 x Aus-/Einfahren). Da-

zu käme allerdings noch das Nachladen der ca. 30% Selbstentladungs-Verluste des Akkus (pro Monat). Bei einem 2 Ah-Akku wären es ca. 66 mAh pro Tag. Da auch dieses Defizit die Solarzellen ausgleichen müssen, dürfte von einem täglichen Nachladen von aufgerundet ca. 70 mAh ausgegangen werden.

Die theoretische Solarzellen-Nennspannung muss auch in diesem Fall erheblich höher sein als die vorgesehene benötigte Ladespannung, denn die Leuchtdiode wird die Solarzellen nicht ähnlich kräftig ausleuchten können, wie es die Sonne vollbringt (was jedoch individuell ausprobiert und gemessen werden kann). Bei einem Nachladen der Akkus mit den in *Abb. 8.3* eingezeichneten 3 V/80 mA-Solar-Mini-paneelen dürfte (in Hinsicht auf die geringere Ausleuchtung) mit einem Ladestrom von ca. *20 bis 30 mA* Rechnung getragen werden. Somit müsste das tägliche Nachladen „sicherheitshalber" ca. 4 Stunden lang erfolgen (was mit Hilfe der Zeit-

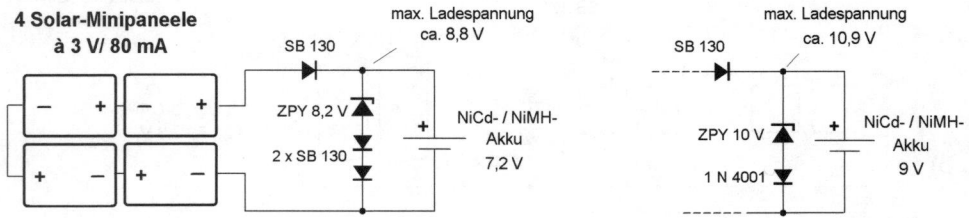

Abb. 8.3 Drahtloses Nachladen von Kleinakkus (nach dem Prinzip aus Abb. 8.1): Die Solar-Ladespannung wird hier mittels Zenerdioden und zusätzlichen Dioden auf einem Niveau gehalten, das höchstens ca. 22 % überhalb der offiziellen Akku-Nennspannung liegt: *links*) die Zenerdiode ZPY 8,2 V und die mit ihr in Serie geschaltete Schottky-Diode stellen ein „Spannungswehr" dar, das Spannungen überhalb von ca. 8,8 V nicht durchlässt; *rechts*) die ZPY 10 V mit der 1 N 4001 halten die Ladespannung unterhalb von ca. 10,9 V (eine Vorselektion der Dioden ist in beiden Fällen erforderlich)

schaltuhr bevorzugt jeweils nachts geschehen kann).

Als Lichtquelle eignet sich für diese Zwecke am besten eine superhelle Leuchtdiode mit einem kleinen Abstrahlwinkel. Sie kann u.a. aus einer ausgedienten Mini-Taschenlampe ausgebaut werden, die z. B. als Schlüsselanhänger nur für einen schmalen Lichtkegel ausgelegt wurde.

8

9 LED-Impulsbetrieb

Durch Impulsbetrieb kann die Lichtstärke der Leuchtdioden erhöht werden. Der „klassische" Impulsbetrieb basiert auf der Kombination vom offiziellen Betriebsstrom (I_F) mit kräftigeren periodischen Stromimpulsen von sehr kurzer Dauer (von z. B. 20 µs).

Abb. 9.1 zeigt den grafisch dargestellten Verlauf eines Impulsbetriebs, bei dem der eigentliche Leuchtdioden-Betriebsstrom von 20 mA durch zusätzliche kräftigere, aber sehr kurze Stromimpulse von 100 mA unterstützt wird. Die Frequenz der Impulse muss „schonend" hoch sein. In unserem Beispiel beträgt sie 10 kHz. Die Breite der Impulse steht dabei zu der Breite der Zwischenpausen im Verhältnis von etwa 1:4 bis 1:9.

Viele der herkömmlichen LEDs verkraften bei dieser Betriebsart Stromimpulse, die bei

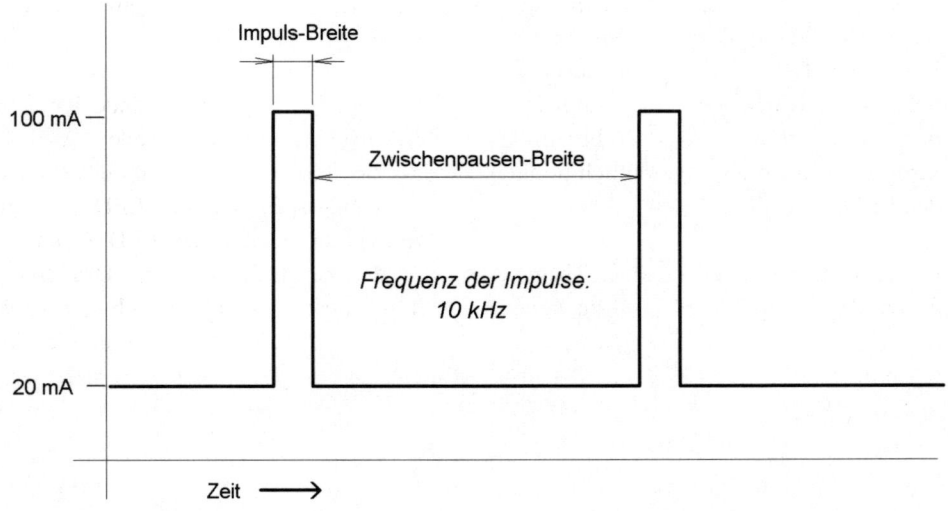

Abb. 9.1 Prinzip des Impulsbetriebes einer LED

138

einem „Impuls/Zwischenpausen-Verhältnis" von 1:4 etwa das Vierfache und bei dem Verhältnis von 1: 9 bis zum Neunfachen des normalen LED-Betriebsstroms betragen dürfen.

Mit diesem Trick lässt sich die Lichtstärke verdoppeln (bzw. annähernd sogar verdreifachen) – was auch tatsächlich bei spezielleren professionellen Anwendungen gehandhabt wird.

Inwieweit einer Leuchtdiode derartig kräftige Stromimpulse zugemutet werden dürfen, hängt von der Type bzw. von der Vorselektion der LEDs ab. Entsprechende Herstellerdaten sollten daher beachtet bzw. angefordert werden.

Wird z. B. bei den vereinfachten technischen Daten der 1-Watt-Luxeon-LEDs ein *Dauer-Betriebsstrom von 350 bzw. 385 mA* und ein *„pulsierender Strom" von max. 500 bzw. 550 mA* angegeben, sagt es nichts über den vorgesehenen Takt der Pulse und das Puls/Zwischenpausen-Verhältnis aus. Unter den Begriff „pulsierender Strom" fällt schließlich bereits die Stromversorgung einer gemütlich blinkenden LED.

Um diesem, an sich aufwendigen Thema eine greifbare Gestaltung geben zu können, haben wir in unseren Laboratorien eine einfache und leicht verständliche Schaltung nach *Abb. 9.2* entwickelt. Zu diesem Zeck wendeten wir gezielt Bausteine an, deren Funktion bereits in Zusammenhang mit vorhergehenden Themen ausführlich erläutert wurde.

Erst wäre aber die eigentliche Philosophie der Problemlösung zu erläutern: Es leuchtet ein, dass man die angesprochenen Stromimpulse der Leuchtdiode so „anliefern" muss, dass sie von ihr auch angenommen werden. Das ist theoretisch ein einfaches Anliegen, denn es gibt keine andere brauchbare „Masche", als dass die LED-Betriebsspannung vorübergehend auf einen Pegel erhöht wird, bei dem die Leuchtdiode den erwünschten Stromimpuls (in Form von vorübergehend erhöhtem Betriebsstrom) bezieht.

Vereinfacht dargestellt, könnte so ein Impulsbetrieb z. B. durch flinkes Umschalten von zwei unterschiedlich hohen Betriebsspannungen der LED erfolgen. Alternativ (und einfacher) kann dasselbe nach *Abb. 9.2* bewerkstelligt werden: Die Ohmschen Werte der zwei Vorwiderstände **Rv 1** und **Rv 2** (rechts oben) werden einfach so berechnet, dass sie „als Duo" genau die überflüssigen 2,4 Volt abfangen, wodurch die LED nur ihren Betriebsstrom (I_F) von 20 mA bezieht.

Das Verhältnis der Widerstände **Rv 1** und **Rv 2** ist dabei so gewählt (oder berechnet), dass sich beim Kurzschließen des **Rv 1** die Versorgungsspannung der LED auf einen Wert erhöht, bei dem der LED-Strom z. B. um das Fünffache ansteigt. Das „flinke" Umschalten müsste dabei nach dem Verlauf aus *Abb. 9.1* erfolgen – was an sich kein Problem ist, wenn man dazu die richtige Elektronik verwendet – was wir getan haben.

Sowohl den Oszillator (IC 1) als auch den Ringzähler (IC 2) aus *Abb. 9.2* kennen wir

9

9

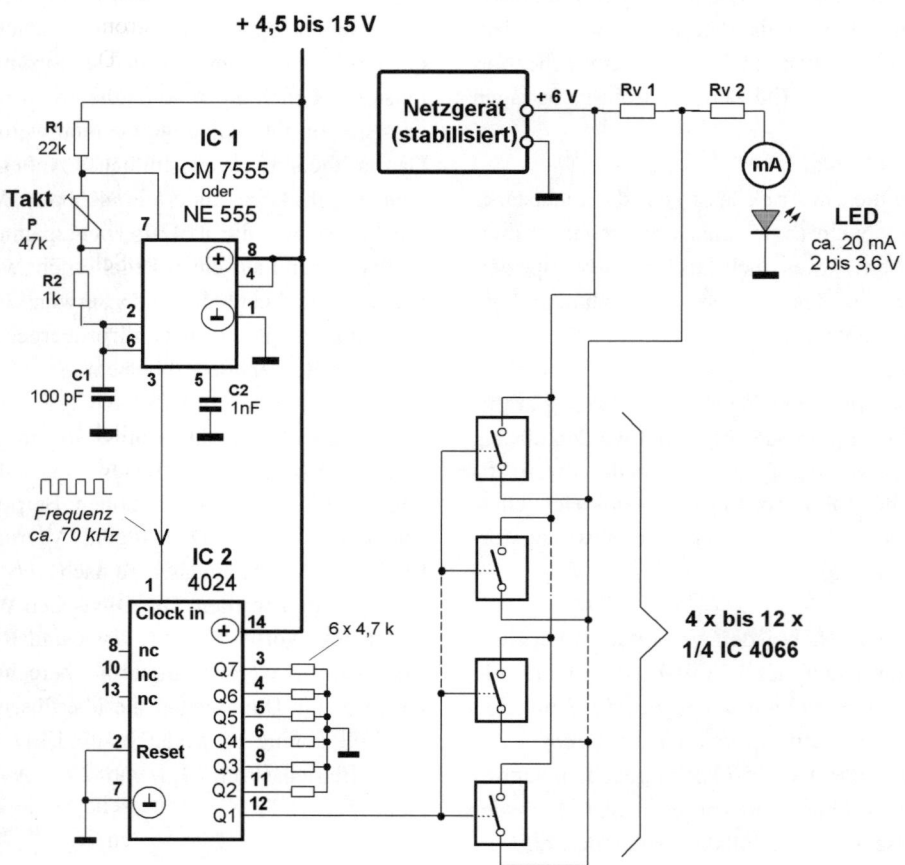

Abb. 9.2 Einfache Schaltung für den Impulsbetrieb einer LED

inzwischen aus vielen vorhergehenden Schaltungen. Bei dem Ringzähler verwenden wir diesmal aktiv nur den „Schaltausgang **Q1**". Die restlichen 6 Schaltausgänge (**Q2** bis **Q7**) sind über Schutzwiderstände mit der Masse verbunden und fungieren nur als „Zwischenpause" von 6 Takten.

Sobald jeweils (bei jeder „Runde") der Schaltausgang **Q1** auf *high* kippt, schaltet

er die Kette der elektronischen *Schalt-ICs 4066* ein und diese schließen vorübergehend den LED-Vorwiderstand **Rv1** kurz. Dies hat zufolge, dass sich während dieser Zeitspanne die LED-Versorgungsspannung auf den bereits angesprochenen Wert jeweils sprunghaft erhöht – allerdings nur für einige Mikrosekunden. Danach erfolgt eine Pause von 6 Takten (= 6 Impulsbreiten). Somit steht in diesem Fall die Impulsbreite zu der Zwischenpausen-Breite im Verhältnis von 1:6. Wäre ein Verhältnis von z. B. 1:9 erwünscht, müsste anstelle des ICs *4024* das IC *4017* verwendet werden (seine Ausgänge **Q8** bis **Q10** sind dann ebenfalls über Schutzwiderstände mit der Masse zu verbinden).

In *Abb. 9.2* ist in Reihe mit der LED ein Milliamperemeter eingezeichnet. Er dient der optimalen Einstellung des „normalen" LED-Betriebsstroms I_F, die allerdings noch vor dem Zuschalten des Ringzählers vorzunehmen ist. Danach wird dieser Milliamperemeter nicht mehr benötigt, denn er würde die kurzen Stromimpulse messtechnisch nicht erfassen. Genau genommen gibt es unter den „normalen" Amperemetern keine solchen Künstler, die derartig kurz dauernde Stromstöße erfassen könnten. Eine relativ einfache Abhilfe bietet hier ein Oszilloskop. An seinem Bildschirm kann einfach die Höhe der pulsierenden Verlustspannung am **Rv 2** abgelesen werden und mit Hilfe der Formel $U : R = I$ wird dann der Strom der Impulse ausgerechnet.

Die Verlustspannung *„U"* zeigt das Oszilloskop auf eine ähnliche Weise an, wie in *Abb. 9.1* dargestellt ist – allerdings mit dem Unterschied, dass die Höhe der angezeigten Impulse nicht die Stromsprünge sondern die Spannungssprünge darstellt.

Hinweis

Das IC 4066 kann pro Schalteinheit einen Strom von max. 25 mA schalten. Da während des vorübergehenden Kurzschließens von **Rv 1** der volle *erhöhte* Betriebsstrom durch diese elektronischen Schalter fließt, ist die Anzahl der parallel verbundenen Schalt-ICs so zu wählen, dass „pro Port" nur etwa 20 mA (= ca. 80 mA pro IC) anfallen. Es können jedoch beliebig viele dieser ICs einfach parallel miteinander verbunden werden.

Dieses an sich aufwendige Thema würde im Prinzip ein selbstständiges Buch in Anspruch nehmen, das zudem erfahrungsgemäß nur für eine relativ kleine Zielgruppe von angemessen erfahrenen Elektronikern interessant sein könnte. Andererseits wird einem einigermaßen erfahrenen Elektroniker auch dieses kurz verfasste Kapitel ausreichen, um konkrete Experimente in Angriff nehmen zu können.

9

Interessante Anwendungen

Der Nachbau einer der nun folgenden Schaltungen dürfte in vielen Fällen nur aus Freude am Experimentieren in Angriff genommen werden. Dennoch handelt es sich hier um praxisorientierte nützliche Schaltbeispiele, die sehr vielseitig angewendet werden können.

10.1 Quiz-Taster

Unter dieser Bezeichnung sind Taster zu verstehen, die bei einer Quiz-Fragerunde jeweils der Befragte antippen kann, der als Erster die Antwort kennt. Wer als Erster seine Taste betätigt, bei dem leuchtet bei der Lösung nach *Abb. 10.1(oben)* „seine" Leuchtdiode auf und „sein" Relais blockiert gleichzeitig die LED des träger reagierenden Teilnehmers. Für den Nachbau der einfachsten Ausführung werden nur zwei elektromagnetische Relais (mit je 2 x UM-Kontakten), zwei superhelle Leuchtdioden mit Vorwiderständen, zwei Taster (Schließer) und ein dritter Aus-Taster (oder Schalter) benötigt.

Das Funktionsprinzip der Schaltung ist sehr einfach: sobald eines der Relais „aktiviert" wird, schaltet sein Kontakt **K2** bzw. **K3** die

Stromzuleitung zu dem anderen Relais aus. Derjenige, der seine Taste als Erster betätigt, dreht sozusagen dem anderen Teilnehmer die Luft ab.

Ist es erwünscht, dass beim Aufleuchten der LED noch ein Ton (Piepser oder Gong) erklingt, können zwei Selbstbau-Timer mit Piepsern oder mit Sound-Modulen (mit Hahnkrähen, Melodien usw.) parallel zu den zwei Relais angeschlossen werden – wie im unterem Teil der Schaltung aufgeführt ist. Den hier angewendeten Timer kennen wir bereits aus anderen Schaltbeispielen.

Bei der Lösung nach *Abb. 10.2* sind für das gegenseitige Blockieren der Nachbar-Schalter die unten eingezeichneten Dioden-Trios (D5, D6, D7 bzw. D8, D9, D10 usw.) zuständig. Das Funktionsprinzip dieser Schaltung ist einfach: Sobald die Start-Taste angetippt wird, schalten alle oben eingezeichneten Schalter des IC 1 „selbsthaltend" ein (ihre *Steuereingänge* an *Pin 13, 5, 12* und *6* erhalten über die 22-k-Widerstände eine positive Spannung, die sie eingeschaltet hält).

Wird nun beispielsweise die Taste **A** betätigt (und gehalten), springt der Schalter

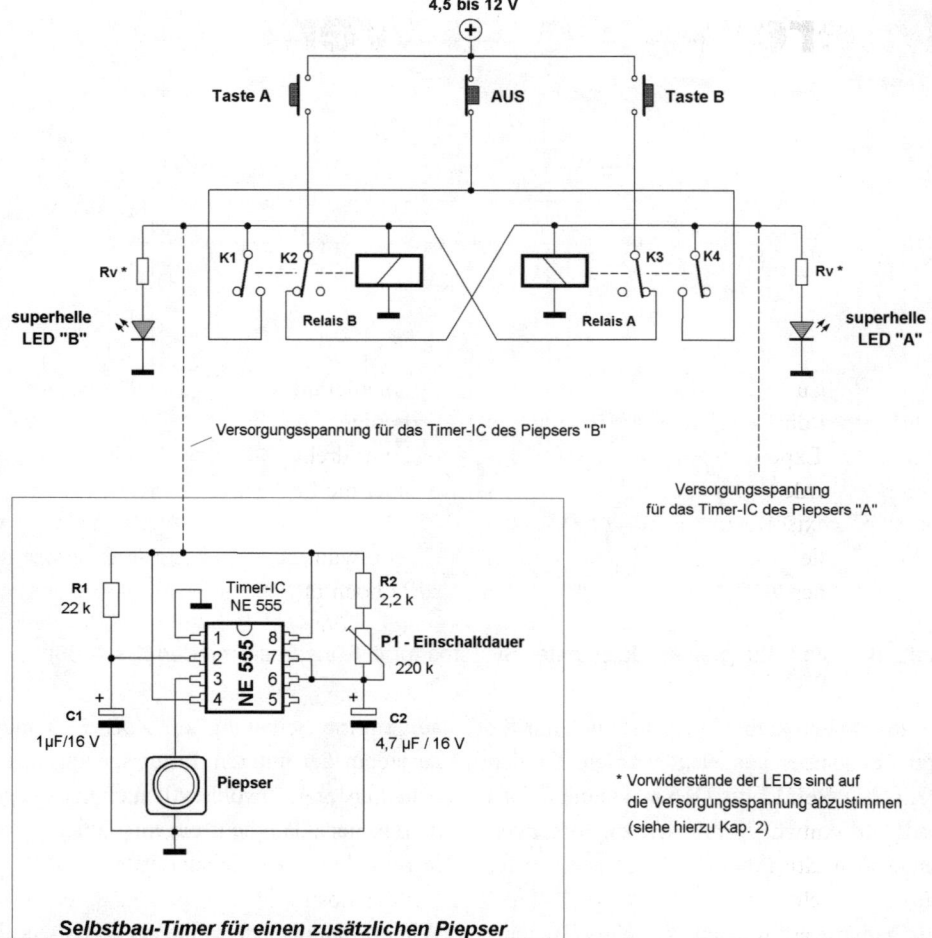

4,5 bis 12 V

Taste A   AUS   Taste B

K1 K2   K3 K4

Rv *   Rv *

superhelle LED "B"   Relais B   Relais A   superhelle LED "A"

Versorgungsspannung für das Timer-IC des Piepsers "B"

Versorgungsspannung für das Timer-IC des Piepsers "A"

R1 22 k   Timer-IC NE 555   R2 2,2 k

P1 - Einschaltdauer 220 k

C1 1µF/16 V   NE 555   C2 4,7 µF / 16 V

Piepser

* Vorwiderstände der LEDs sind auf die Versorgungsspannung abzustimmen (siehe hierzu Kap. 2)

Selbstbau-Timer für einen zusätzlichen Piepser

Abb. 10.1 Nachbauleichte Schaltung eines einfachen Quiz-Taster-Duos, bei dem jeweils nur die Leuchtdiode des schneller reagierenden Teilnehmers aufleuchtet (oberer Schaltungsteil) oder – wenn erwünscht – zusätzlich auch noch ein Ton erklingt (unterer Schaltungsteil mit gestrichelter Zuleitung der Versorgungsspannung)

IC 2a an und die **LED 1** leuchtet auf (da ihre Kathode mit der Masse verbunden wird). Gleichzeitig werden die Steuereingänge der **ICs 1b, 1c** und **1d** über Dioden **D5, D6** und **D7** (und über die **4,7 k**-Widerstände) mit der Masse verbunden und diese drei IC-Schalter schalten ab. Da nun die START-Taste nicht mehr gedrückt ist, können sich diese Schalter nicht erneut einschalten. Auf dieselbe Weise erzwingen sich ihre Priorität die Teilnehmer-Taster **B**, **C** und **D:** Der Taster, der als Erster gedrückt wird, blockiert die restlichen drei Taster.

10

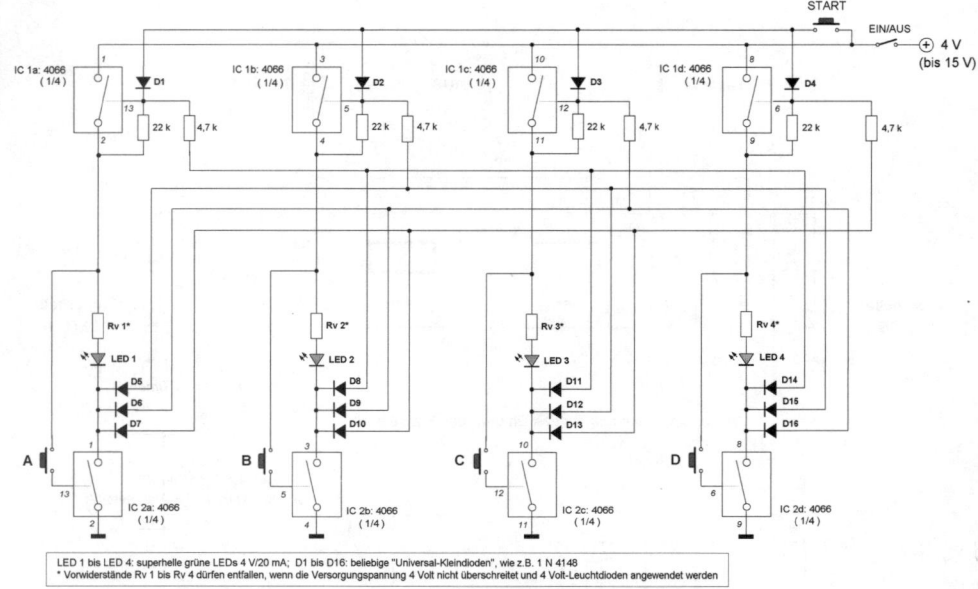

Abb. 10.2 Schaltung eines Quiz-Taster-Systems für 4 Teilnehmer (mit den ICs 4066)

Dieses System kann bei Bedarf auch nur für drei Teilnehmer ausgelegt werden: Dioden D7, D10 und D13 bis D16 sowie die Schalter IC 1d und IC 2d mit den zugehörenden Bausteinen entfallen.

Wir haben die Schaltung in *Abb. 10.2* einfachheitshalber so konzipiert, dass die LEDs 1 bis 4 jeweils nur so lange leuchten, wie der zugehörende Taster gedrückt gehalten wird.

Wenn Sie sich jedoch mit den Schalt-ICs *4066* etwas näher anfreunden, wird es Ihnen nicht schwer fallen, die unteren Schalter mit Hilfe von zusätzlichen ICs nach *Abb. 10.3* zu selbsthaltenden Schaltern zu modifizieren und bei Bedarf auch noch mit zusätzlichen „Sound-Modulen" aufzurüsten. Die

aufgeführte Schaltung aus *Abb. 10.3* muss zu jedem der unteren Taster separat aufgebaut werden – obwohl evtl. auch nur ein gemeinsamer Klangbaustein mit Timer für alle Teilnehmer ausreichen dürfte.

Wir alle kennen derartige Systeme aus diversen Fernseh-Quizsendungen oder Fragespielen und es besteht kein Zweifel daran, dass so etwas z.B. auch für Kinder-Geburtstagspartys und andere Kinderfeste geeignet ist. Die Anwendung von superhellen Leuchtdioden macht solche Spiele auch für die Zuschauer attraktiv.

10.2 LED-Hausnummer

Eine Hausnummer soll auch nach Einbruch der Dunkelheit von der Straße aus gut sicht-

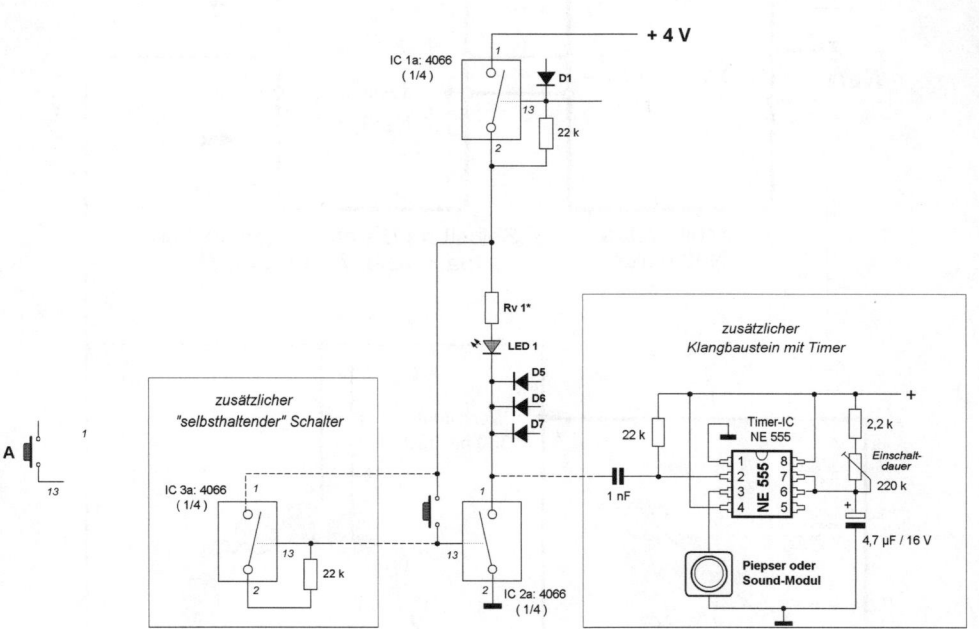

Abb. 10.3 Selbsthalte-Schaltung und Anschluss für „Sound-Module" an die unteren vier IC-Schalter aus Abb. 10.2

bar sein, denn es kann vorkommen, dass z.B. unerwartet ein Notarzt gerufen werden muss, dem somit die Orientierung erleichtert wird.

In unserem Beispiel aus *Abb. 10.4* werden – bis auf eine Ausnahme – jeweils 6 LEDs in Reihe parallel an den Schaltausgang des ICs *NE 555* angeschlossen. Die eigentliche Konfiguration der Leuchtdioden wird sich zwar bei einer anderen Hausnummer ändern, aber die prinzipielle Lösung bleibt dabei erhalten. Sollte von dem Dämmerungsschalter ein höherer Strom als ca.

150 mA bezogen werden, können zwei der *NE 555*-ICs parallel verbunden werden (um bis zu 300 mA beziehen zu können) oder der Dämmerungsschalter kann die LEDs über ein zusätzliches Relais schalten.

Alternativ zu dieser Lösung bietet sich eine leuchtende Hausnummer an, bei der superhelle LEDs (mit einem großen Abstrahlwinkel) nur als Hintergrundbeleuchtung hinter einer Glasscheibe mit aufgeklebter Hausnummer angewendet werden.

10

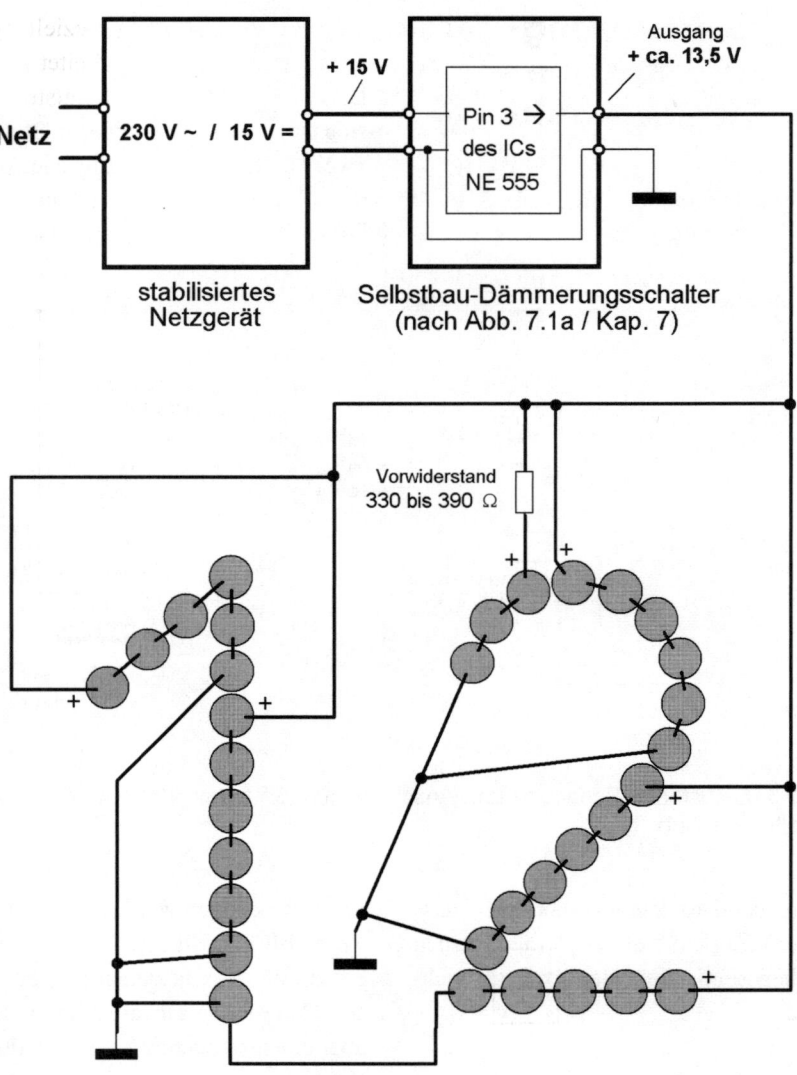

Netz   230 V ~ / 15 V =

+ 15 V

Pin 3 →
des ICs
NE 555

Ausgang
+ ca. 13,5 V

stabilisiertes
Netzgerät

Selbstbau-Dämmerungsschalter
(nach Abb. 7.1a / Kap. 7)

Vorwiderstand
330 bis 390 Ω

= 5 x 6 + 1 x 3 superhelle Leuchtdioden "1,6 - 2,7 V" / 20 mA
(z.B. die Type L53SRDA von Conrad Elektronik, Bestell. Nr.: 14 31 11)

Abb. 10.4 Ausführungsbeispiel einer Hausnummer aus Leuchtdioden (um die Anordnung zu verdeutlichen, sind hier die Leuchtdioden nicht mit ihrem Schaltzeichen, sondern als Kreise dargestellt)

10.3 Gehrichtung-erkennende Lichtschranke

10

Die Gehrichtungerkennende Lichtschranke aus *Abb. 10.5* haben wir – wie so viele andere Bauanleitungen – speziell für unsere Leser entwickelt. Sie arbeitet bei diesem Beispiel mit zwei IR-Lichtstrahlen, gibt sich aber auch z.B. mit den Strahlen von zwei Laser-Pointern zufrieden (anstelle der IR-Fototransistoren können dann beliebige „normale" Fototransistoren, Foto-

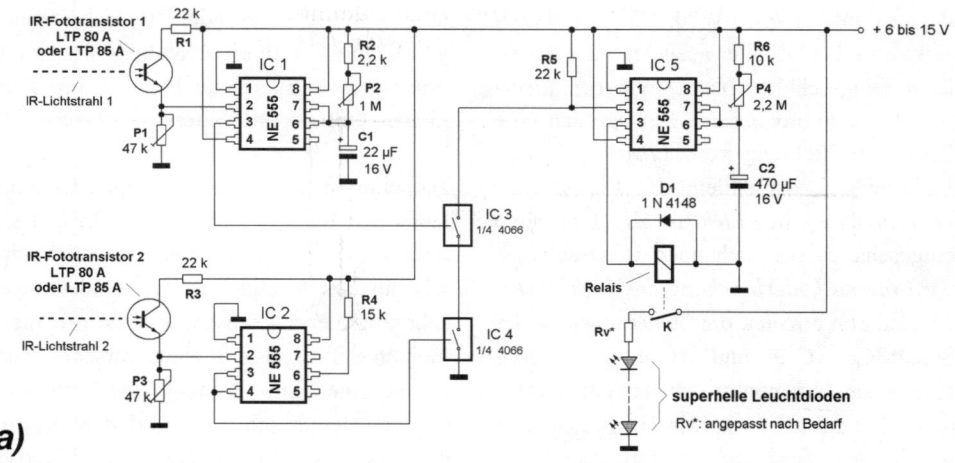

a)

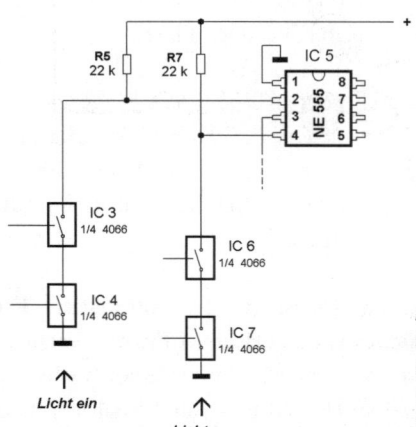

b)

Abb. 10.5 Schaltung einer einfachen Lichtschranke, die nur bei einer Gehrichtung mit Einschalten der Lichter reagiert: a) Grundschaltung; b) mit Hilfe von zwei zusätzlichen elektronischen Schaltern (IC 6 und IC 7) kann der Timer (IC 5) vor dem Ablauf der eingestellten Zeitspanne abgeschaltet werden

147

10

dioden oder Fotowiderstände verwendet werden).

Die Funktion der Lichtschranke aus *Abb. 10.5a* beruht auf einem einfachen Trick: **IC 1** ist als ein Timer ausgelegt, der z.B. etwa zwei bis drei Sekunden lang eingeschaltet bleibt, nachdem *Lichtstrahl 1* (von z.B. einer Person) unterbrochen wird. **IC 2** ist als ein elektronischer Schalter ausgelegt, der nur so lange eingeschaltet bleibt, wie der *Lichtstrahl 2* unterbrochen ist. Bewegt sich eine Person in Richtung vom *Lichtstrahl 1* zu *Lichtstrahl 2,* dann bleibt **IC 1** *(nach der Unterbrechung des Lichtstrahls 1)* so lange eingeschaltet, bis auch noch **IC 2** aktiviert wird *(durch Unterbrechung des Lichtstrahls 2)*. Dadurch erhalten die Steuereingänge der Schalt-ICs „**IC 3**" und „**IC 4**" gleichzeitig eine positive Spannung, schalten ein, verbinden Pin 2 des **IC 5** (das als Timer ausgelegt ist) mit der Masse, dieses „startet" und sein Relais schaltet die LED-Beleuchtung für die mit **P4** eingestellte Dauer ein.

Bei Bedarf können mehrere solche Lichtschranken auch verschiedene andere Aufgaben erfüllen, bzw. der Timer der Beleuchtung (**IC 5**) kann nach *Abb. 10.5b* mit Hilfe von zwei zusätzlichen elektronischen Schaltern abgeschaltet werden, die z.B. von einer zweiten Lichtschranke betätigt werden.

10.4 LED-Taschenlampe anders...

Taschenlampen mit superhellen Leuchtdioden verdrängen erfolgreich die herkömmlichen energiefressenden Glühbirnen-Vorgänger. Viele dieser LED-Taschenlampen

sind u.a. als Werbegeschenke in der Form von kleinen Schlüsselanhängern ausgelegt und haben den Nachteil, dass das Ersetzen der Knopfzellen zu einem teuren Spaß wird. Da legt man lieber so ein „Spielzeug" einfach ab und betrachtet es als ausgedient. Das ist allerdings schade, denn die eigentliche Leuchtdiode hat oft eine Lebenserwartung von zehntausenden Betriebsstunden und kann dabei ihren Strombedarf auch aus preiswerteren Energiequellen – darunter aus kleinen aufladbaren Batterien – beziehen.

Zu einer neuen Taschenlampen-Kreation kann man eine 1-Watt-Luxeon LED nach *Abb. 10.6* umfunktionieren. Die LED wird z.B. an einem Clip aufgeleimt oder angeschraubt, der zu diesem Zweck mit einer kleinen Selbstbau-Kühlplatte versehen wurde. So eine Mini-Taschenlampe kann dann auf die Hemdtasche oder auf dem Revers einer Jacke wie ein Namensschild befestigt werden. Über dünne Litzen wird die Leuchtdiode mit Batterien verbunden, die z.B. in der Jacken- oder Hemdtasche stecken (für einen zusätzlichen Minischalter findet sich dabei auch Platz).

Anstelle der in *Abb. 10.6* eingezeichneten *1-Watt-Luxeon-Leuchtdiode* kann an so einen Clip auch eine Leuchtdiode aus einer ausgedienten LED-Taschenlampe aufgeleimt werden.

Gesamtübersicht der aktuellen Fachbücher von Bo Hanus / Franzis Verlag, die im Buchhandel, im Internet-Buchversand und bei Conrad Electronic erhältlich und in demselben lockeren und leicht verständlichen Stil verfasst sind, wie dieses Buch:

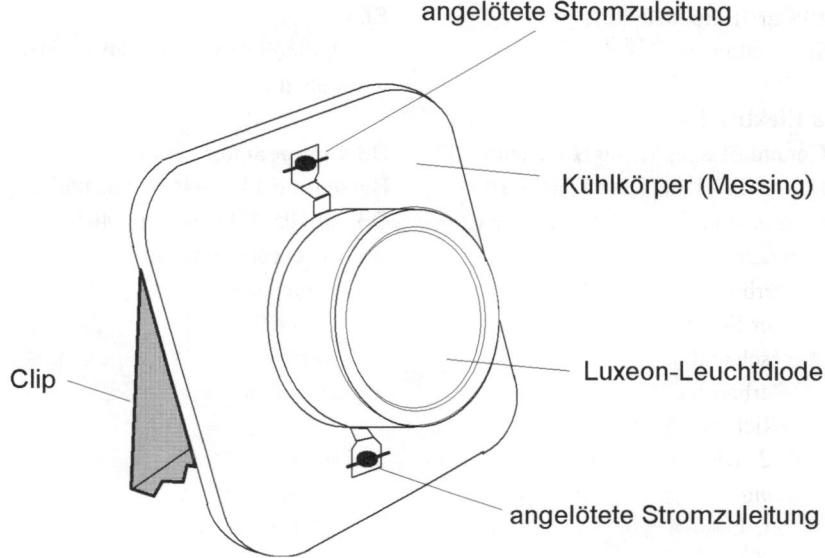

angelötete Stromzuleitung

Kühlkörper (Messing)

Clip

Luxeon-Leuchtdiode

angelötete Stromzuleitung

Abb. 10.6 Ausführungsbeispiel einer ·Selbstbau-Clip-Lampe mit einer superhellen 1 Watt-Luxeon Leuchtdiode

- Spaß & Spiel mit der Elektronik *(120 Seiten)*

- Spaß & Spiel mit der Solartechnik *(112 Seiten)*

- So steigen Sie erfolgreich in die Elektronik ein *(4. Auflage, 97 S.)*

- Der leichte Einstieg in die Elektronik *(4. Auflage, 363 S.)*

- Das große Anwenderbuch der Elektronik *(2. Auflage, 351 S.)*

- Drahtlos schalten, steuern und übertragen in Haus und Garten *(234 S.)*

- Schalten, Steuern und Überwachen mit dem Handy *(97 S.)*

- Drahtlos überwachen mit Mini-Videokameras *(205 S.)*

- Wie nutze ich Solarenergie in Haus und Garten? *(6. Auflage, 120 S.)*

- Solaranlagen richtig planen, installieren und nutzen *(2. Auflage, 300 S.)*

- Solar-Dachanlagen selbst planen und installieren *(neu, 128 S.)*

- Solarstromnutzung beim Campen, im Caravan, Wohnmobil und Boot *(97 S.)*

- Wie nutze ich Windenergie in Haus und Garten? *(3. Auflage, 97 S.)*

- Selbstbau-Roboter für Alarm- & Sicherheitsaufgaben *(172 S.)*

- Kampfspiel-Roboter im Selbstbau - Robot WARS *(97 S.)*

- Elektroinstallationen in Haus und Garten - echt leicht! *(97 S.)*

10

Hinweis auf Lieferanten
(auch für Katalog-Anforderungen):

Conrad Elektronik
Klaus-Conrad-Straße, 92240 Hirschau
Tel.: 0180 / 5 31 21 11, Fax: 5 31 21 10
http://www.conrad.de

ELV
Tel.: 0491/600888, Fax: 0491/7016
www.elv.de

RS-Components
Hessenring 13 b, 64546 Mörfelden
Tel.: 06105/401-234, Fax: 401-100
www.rs-components.de

Sachverzeichnis

Sachverzeichnis

Sachverzeichnis

Ein Buch der Superlative für Science-Fiction-begeisterte Elektronikfans und Hobbyforscher, die sich gerne mit ausgefallenen Ideen, Selbstbauprojekten und Experimenten beschäftigen. Gegliedert in vier Abschnitten beschäftigt das Buch sich mit dem Phänomen der elektrodynamischen Wirbel, die mit einem Solid-State-Teslagenerator erzeugt werden. Lassen Sie sich von den magisch leuchtenden Drahtwirbeln faszinieren und zu weiteren Experimenten anregen. Experimentell wird das Thema EMP erörtert, wobei deutlich wird, wie verletzbar die moderne Elektronik ist. Weiterhin beinhaltet das Buch unter anderem einen Pseudo-Maser, einen Blechdosenknacker und eine Drahtexplosionsvorrichtung. Treten Sie ein ins Elektronik-Abenteuerland des 21. Jahrhunderts und überraschen Sie Ihre Freunde mit faszinierenden Star-War-Experimenten.

Neue Experimente mit EMPs, Tesla- & Mikrowellen

Wahl, Günter; 2005; ca. 120 Seiten

ISBN 3-7723-**4214-0**   € **19,95**

Besuchen Sie uns im Internet – www.franzis.de

Mit diesem Lernpaket erarbeiten Sie die Grundlagen der Hochfrequenztechnik am Beispiel der legendären Ideen und Patente des großen Erfinders Nikola Tesla. Sind seine Visionen einer drahtlosen Energieübertragung real umsetzbar? Experimentieren Sie selbst und bilden Sie sich ein Urteil. Wer diese Versuche durchgearbeitet hat, durchschaut auch komplexe Zusammenhänge der HF-Technik. Das komplette Lernpaket zur Tesla-Energie mit Experimentierplatine, Bauteilen und Experimentierbuch.

• Mit Laborsteckboard und 16 elektronischen Bauelementen
• Quarzoszillator 13.56 MHz als Testsender
• 12 reale, genau beschriebene Experimente mit Resonanzkreisen
• Hochfrequenz-Versuche für Einsteiger und Fortgeschrittene
• Grundlagen der Tesla-Energie-Übertragung

Lernpaket Tesla Energie

2005; Experimentierplatine,
ISBN 3-7723-**5210**-3

€ **49,95** UVP

Besuchen Sie uns im Internet – www.franzis.de

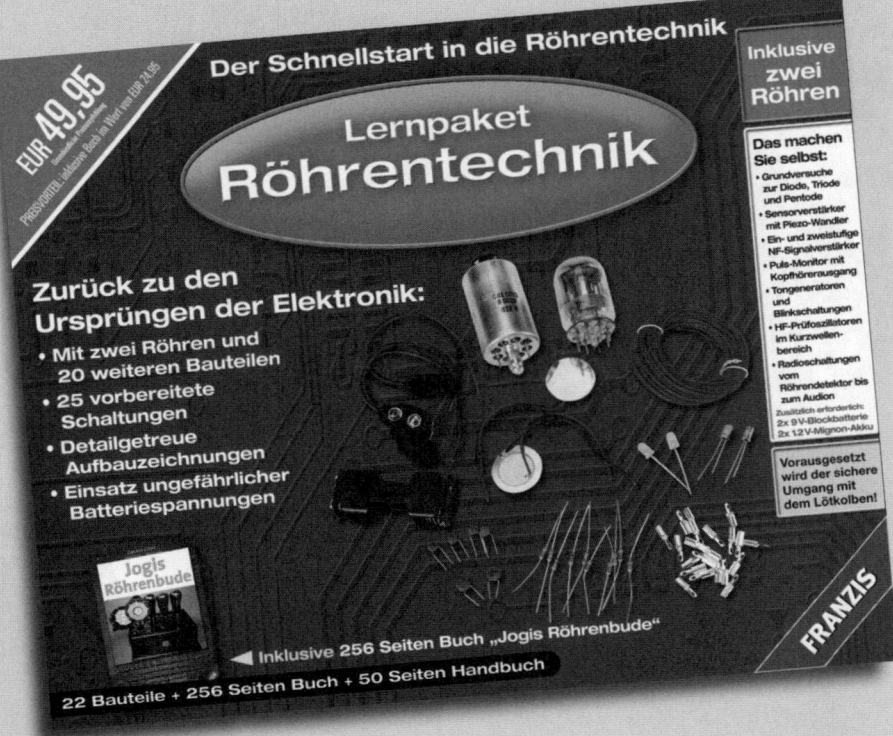

Woher kommt das zunehmende Interesse an den Elektronenröhren, wo doch die Blüte der Röhrentechnik schon 50 und mehr Jahre zurückliegt? Es ist die Neugier und das Bemühen, den Dingen auf den Grund zu gehen. Mit diesem Lernpaket erhalten Sie eine gründliche Einführung in die Grundlagen der Röhrentechnik. Was im Großen mit Röhren möglich ist, wird hier im Kleinen erprobt. Aufwändige Netzteile und hohe Spannungen sind nicht erforderlich, weil spezielle Batterieröhren zum Einsatz kommen. Untersuchen Sie einfache Grundschaltungen und entwickeln Sie eigene Schaltungen mit dem vorhandenen oder mit zusätzlichem Material.

Lernpaket Röhrentechnik

2005; 22 Bauteile, 256 Seiten Buch, 50 Seiten Handbuch

ISBN 3-7723-**5390**-8

€ **49,95** UVP

Besuchen Sie uns im Internet – www.franzis.de

Dieses Lernpaket ermöglicht Ihnen den schnellen Start in die LED-Technik und damit in die Elektronik überhaupt. Alles was Sie dazu brauchen, ist enthalten, nur eine frische Batterie (9 V) müssen Sie noch zusätzlich besorgen. Und dann geht es los. In kürzester Zeit führen Sie die wichtigsten Grundversuche durch. Im Vordergrund stehen die praktischen Experimente. So ganz nebenbei erfahren Sie aber auch die entscheidenden Grundlagen von der Schaltungs-technik bis zur Berechnung der erforderlichen Vorwiderstände.

Lernpaket LEDs

2005; Steckplatine, 18 Bauteile, Buch mit 60 Schaltungen

ISBN 3-7723-**5915-9**

€ 19,95 UVP

Besuchen Sie uns im Internet – www.franzis.de